環境問題を解く

ひらかれた協働研究のすすめ

近藤康久
大西秀之
〈編〉

かもがわ出版

環境問題を解く——ひらかれた協働研究のすすめ●目次

第2部　実践編

はじめに――ひらかれた協働研究の理想形を求めて

近藤　康久

２０２０年、新型コロナウイルス感染症（ＣＯＶＩＤ－19）が世界的大流行（パンデミック）となりました。もともとは中国奥地に棲息する野生動物を宿主とするウイルスが突然変異を起こし、世界各地に広がりました。感染経路はヒトの移動と、密閉・密集・密接という「三つの密」の状態での濃厚接触です。

感染拡大を防ぐため、世界各国において都市封鎖（ロックダウン）や入国制限が実施されました。日本でも政府から緊急事態宣言が発出され、「新しい生活様式」という標語のもと、感染拡大防止に向けた行動変容が呼びかけられました。具体的な取り組みとして、都道府県をまたぐ不要不急の移動の自粛が要請されたり、「三つの密」を避けるためにテレワークが奨励されたりすることとなり、私たちの生活は大きく変わりました。これまで地球温暖化などと聞いてもいまいちピンとこなかった地球規模の問題が、一気に〈自分ごと〉と考えられるようになりました。

また皮肉なことに、コロナ禍により、環境問題が改善するケースが見られました。北京や上海をはじめとする中国の都市部では、大気汚染が劇的に改善しました。インドでも同様で、北西部パンジャーブ州のある町から、約30年ぶりに２００キロメートルほど離れたヒマラヤ山脈が見えたといいます。地球全体でも、2020年4月の大気中への二酸化炭素放出量が、前年の平均値よりも17%ほど減少したと推定されています。

環境問題は、人間社会と自然環境の相互作用が機能不全に陥り、社会が解決するべき課題として現れたものです。問題の本質に人間の利害や不確実性をはらむため、一筋縄では解決できない「厄介な問題」（ウィキッド・プロブレム）となることもあります。「厄介な問題」に対しては、単一分野の研究者が問題の一端を「解明」するだけでは問題を「解決」したことにはなりません。複数分野（学）の研究者、企業（産）、政府・自治体（公）、非営利団体・地域住民（民）といった多様な主体が連携して、問題を総合的に「解明」した上で、その「解消」に向けた行動を起こす「協働」の必要があります。しかし、それぞれの主体の間には、往々にして知識、情報、価値観、社会経済的地位などのちがいや歴史的経緯に起因して、理解の「へだたり」（非対称性）があり、協働の妨げとなります。

成功物語の裏に

このような「へだたり」は、私が総合地球環境学研究所（地球研）に就職して、環境問題の研究に関わるようになってから、次第に強く感じるようになりました。地球研は、地球環境問題を、人と自然の相互作用環の視点から、文理同舟のプロジェクト方式により、学際的に研究しています。「知の跳躍インタビュー」と称して、地球研の九つの終了プロジェクトのリーダー（研究代表者）と主だったメンバーから、プロジェクトを通じてどのような苦労をして、どのような知的跳躍があったか、1回2時間のインタビューにより聞き取る機会がありました。インタビューで、プロジェクトリーダーが口をそろえて言うことがありました。それは、研究分野や当事者によって研究対象とする問題に対する見方・考え方が異なるので、プロジェクトを立ち上げる際の共通目標やコンセプトづくりに苦労して、それを乗り越える過程で自身の研究観を刷新するような知的発見があった、ということです。いっぽう、プロジェクトが立ち上がってからは、プロジェクトの運営に忙殺されるうちに、プロジェクトは淡々と進行していき、知的跳躍を感じる機会は少なかったと言います。

「知の跳躍インタビュー」を通して、私がもう一つ学んだことがあります。それは、環境問題を研究するプロジェクトは、特に社会との関係づくりにおいて、試行錯誤を繰り返しながら進んでいくということです。

ところが、書籍や論文、成果発表会、講演会のような成果発信の場では、試行錯誤は捨象され、美しい「成功物語」が語られます。しかし、その舞台裏にある無数の「失敗談」が表に出て、共有されることはなかなかありません。大型プロジェクトでは、外部委員による最終評価が待っているので、なおさらです。「失敗談」が共有されないことにより、別のプロジェクトがまた同じような過ちを繰り返す、ということが起きているように感じました。

プロセスをオープンにすることが大切

いま「成功」「失敗」という言葉を使いましたが、成功か失敗かという評価は結果論なので、プロジェクトが走っている当時は皆良かれと思って、行動の決断をします。これが試行錯誤なのですが、結果が思惑通りにいかないことは、ストレスにもなります。学際研究は「不愉快きわまりないが、得るところはきわめて大きい」とは、地球研の名誉フェローでありサステナビリティ学（持続可能性科学）の先駆者でもあるサンデル・ファンデルーさんの言葉ですが、この「不愉快」さは、自分の研究観から当然そうなるはずのことが思惑通りにいかないことに起因するように思います。

また、今は「成功」「失敗」のいずれかに見えても、時間が経って状況が変わると、評価が変わることもあります。「あの時失敗だと思ったことが、実は成功につながっていた」と再評価されることもあるし、その逆もまたしかりです。そのため、成功か失敗かではなく、そこに至るプロセス自体を記録・共有し、いつでも検証できるようにしておくことが重要です。それは、研究のプロセスをオープンにする、すなわち「誰もが自由にアクセスでき、自由に再利用、改変、再配布できる」状態にすることを意味します(opendefinition.org)。

「協働研究」とは、２人以上の研究者が互いに依存しながら進める「チームサイエンス」です。それでは、環境問題のオープンなチームサイエンスは、いかなるもので、どうあるべきでしょうか。私たちはこの問いを探究するために、２０１８年４月からの３年間、地球研で「環境社会課題のオープンチームサイエンスにおける情報非対称性の軽減」と題する共同研究プロジェクト（オープンチームサイエンス・プロジェクト）を進めました。

協働研究が思惑通りにいかないとき、相手の話によく耳を傾けて、自分の知識や情報、価値観との間に「へだたり」があることに気づいたとします。でも、「へだたり」があることを指摘するだけでは、物事もうまい具合に進みません。「へだたり」があることを認めつつ、それを乗り越えて、コラボレーションすなわち協業を円滑に進めることが重要です。

そこで私たちは、環境問題の解決を志す社会の多様な主体が、知識や情報、価値観、社会経済的地位の「へだたり」を乗り越えて、オープンチームサイエンス、すなわちひらかれた協働研究を進めるための理論と方法、つまり方法論を学術的に言語化することを、プロジェクトの目標に掲げました。

オープンチームサイエンス＝オープンサイエンス＋超学際研究

オープンチームサイエンスの方法論を組み立てるにあたり、私たちはまず「オープンサイエンス」に注目しました。

オープンサイエンスには、トップダウンとボトムアップの二つの潮流があります。トップダウンの科学技術政策としてのオープンサイエンスは、経済開発協力機構（ＯＥＣＤ）が２０１５年のレポートで定義したように、「公的資金による研究成果を社会にオープンにすること」を意味します。

いっぽう、ボトムアップのアクションとしては、「市民」、より正確にいえば「職業研究者」ではない人が、研究の基礎データを提供したり、観察者・入力者・分析者として研究プロジェクトに参加したりするシチズンサイエンス（市民参加型科学）が国内外で盛り上がりを見せています。トップダウンとボトムアップのアクションは方向性が異なるように見えますが、学術界（アカデミア）と社会との接合と協働を志向するという点において共通しており、両者は収束の方向に進んでいるように見て取れます。

社会の課題を解決するための研究の方法論には、1946年に「望ましいと考える社会的状態の実現を目指して研究者と研究対象者とが展開する共同的な研究実践」であるアクション・リサーチが提唱されて以来、長い歴史があります（矢守克也『アクションリサーチ』新曜社、2010年）。科学社会学の文脈では、1990年代にマイケル・ギボンズらが、社会に開かれた知識生産の様式であるモードⅡ科学を提唱しました。モードⅡ科学は、学問体系に貢献することを目的とする従来の科学の知識生産様式（モードⅠ）とは性質が異なり、「課題の設定ならびに解決は特定の学範（ディシプリン）ではなく、社会の要請によって」規定されます（サトウタツヤ『学融とモード論の心理学』新曜社、2012年）。

近年、社会課題の解決に資する研究のニーズが高まるなかで、「超学際研究」という言葉をしばしば耳にするようになりました。トランスディシプリナリー研究、TD研究、超域研究あるいは学際共創研究とも呼ばれるこのアプローチは、「科学と社会の境界を超えた知識の協働生産プロセス」からなります（佐藤哲・菊地直樹編『地域環境学』東京大学出版会、2018年）。超学際研究においては、現実世界の難題に対処するために、産学公民など社会の多様な主体（アクター）が知識経験を持ち寄り、立場を超えた熟議と対話を通して研究計画の共同立案、知識の共同生産、成果の共同展開を進めます（表1）。このプロセスにおいては、研究者が社会の主体に科学的・専門的知識を一方的に提供するだけではなく、社会に備わるさまざまな実践的知識から学びを得て、互いに学び合う姿勢が重要です。そのためにはまず「へだたりを超えてつながる」ことが必要であり、これが超学際研究の本質です。

私たちは、オープンサイエンスを単なる研究成果の公開にとどまらず、学術研究の知識生産システムそのものの開放へと拡張し、これと「へだたりを超えてつながる」という超学際研究の本質を足し合わせることにより、ひらかれた協働研究を実現するという着想に至りました。

シビックテックを取り入れる

オープンチームサイエンスの方法論を組み立てる上で、もう一つ重要な要素が「シビックテック」です。シビックテックとは「市民主体で自らの望む社会を創りあげるための活動とそのためのテクノロジー」を意味します（稲継裕和編『シビックテック』勁草書房、２０１８年）。もう少し具体的にいうと、情報通信技術（ＩＣＴ）や社会起業などの知識・技能を持つ市民エンジニアが、政府・自治体のオープンデータ（オープンガバメントデータ）とＩＣＴを活用して、社会課題の解決に取り組む動きを指します。

シビックテックの動きはもともと、米国でティム・オライリーがウェブの概念を行政にも拡張して「ガバメント２・０」を提唱したことを発端とします。この構想は、バラク・オバマが２００９年1月に米国大統領に就任するにあたり、透明性・参加・協働の三原則を「オープンガバメント」の新たな行動原理として行政官に求めたことに呼応するものでした。

日本では２０１３年頃からシビックテックの実践が始まり、次第に各地に広がりました。現在、コード・フォー・ジャパンや、コード・フォー・〇〇という地名の付いた地域団体（ブリゲート）、シビックテック・フォーラムといったコミュニティーや、「アーバンデータチャレンジ」や「チャレンジ‼オープンガバナンス」といったコンテストを通して、シビックテック実践者の地域的および全国的なネットワークが形成されつつあります。

このシビックテックと、超学際研究およびオープンサイエンスの異同について、表1にまとめてみました。従来の学術研究（モードⅠ）は、研究者が①問題を設定し、②問題を解くための方法を決め、③問題を解き、④成果を公表する、というプロセスからなります。これに対し、超学際研究においては、研究者と社会の多様な主体が、①問題を共同設定し、③知識を共創し、④成果を共同発表しますが、②の「問題を解くための方法を決める」工程は明記されておらず、暗黙的に研究者の専決事項とされています。

かたやオープンサイエンスにおいては、超学際研究のような首尾一貫した研究方法論はまだ確立していませんが、③の問題を解くプロセスに市民が参加し（シチズンサイエンス）、④の成果公表を計算機も人間も発見できる（Findable）・アクセスできる（Accesible）・相互運用できる（Interoperable）・再利用できる（Reusable）ようにするＦＡＩＲデータ原則に準拠して行うことが提案されています。しかし、オープンサイエンスにおいても超学際研究と同様に、問題を解くための方法を市民が決めることは想定されておらず、研究者の専決事項であることが暗黙的に了解されているようです。

この点、シビックテックは、問題を解くための方法を決める工程も含め、すべてのプロセスを市民が主導し、多様な主体が共創します。オープンチームサイエンスにおいては、このようなシビック

表1　モードⅠ科学と超学際研究、オープンサイエンス、シビックテックの射程

従来の学術研究（モードI）	超学際研究	オープンサイエンス	シビックテック
問題を設定する	研究計画の共同立案	---	市民主導による共創 ↓
問題を解くための方法を決める	---（研究者の専決）	---（研究者の専決）	
問題を解く	知識の共同生産	市民参加	
成果を公表する	成果の共同展開	FAIRデータ	

テックの特性を取り入れて、問題を解くための方法も含めて、研究者以外の主体と共創することにより、真にひらかれた協働研究を実現するようにします。

オープンチームサイエンスの自己点検項目

以上をまとめると、私たちが実現をめざす「ひらかれた協働研究」すなわちオープンチームサイエンスは、データだけでなく情報・知識・知恵も含めた学術知の総体を開放し、さらに学術界の知識生産システムそのものを開放するという意味でのオープンサイエンスと、学術界と社会の〈へだたり〉を超えるための方法論としての超学際研究のシナジー（相乗効果）によってかたちづくられます（図）。

プロジェクトメンバーが環境問題の解決を目指すアクションリサーチの事例を持ち寄って検討する中で、オープンチームサイエンスを実践する際には、いくつか注意しなければならないポイントがあることが分かってきました。それを表2の自己点検項目にまとめてみました。これはあくまでも自己点検項目であり、外部評価ではないことに注意が必要です。

まず、協働研究をリードする研究者と他の研究者もしくは社会の多様な主体の間で、倫理的衡平性を担保する必要があります。プロジェクトのメンバーシップは「千客万来」すなわちインクルーシブ（包摂的）でなければいけません。これは言い換えると「来る者拒まず、去る者追わず」ということで、プロジェクトメンバーがダイナミックに入れ替わっていくことを意味します。時には、休眠状態の人が出てくることもあるでしょう。しかし、決してその人を非難したり、排除したりしてはいけません。そういう人が、いつか力になる日が来るかもしれないからです（来ないかもしれませんが）。
また、協働や共創の場においては、相対的に〈声の小さい〉参加者に対するエンパワメント（能力開化、権限委譲）に留意する必要があります。疎外されている主体に気づいたら参加をうながし、その潜在能力を引き出します。また、社会経済的地位や権力の非対称性あるいは搾取の構造に気づいたら、極力それを無力化するようにします。

図　ひらかれた協働研究（オープンチームサイエンス）の設計図

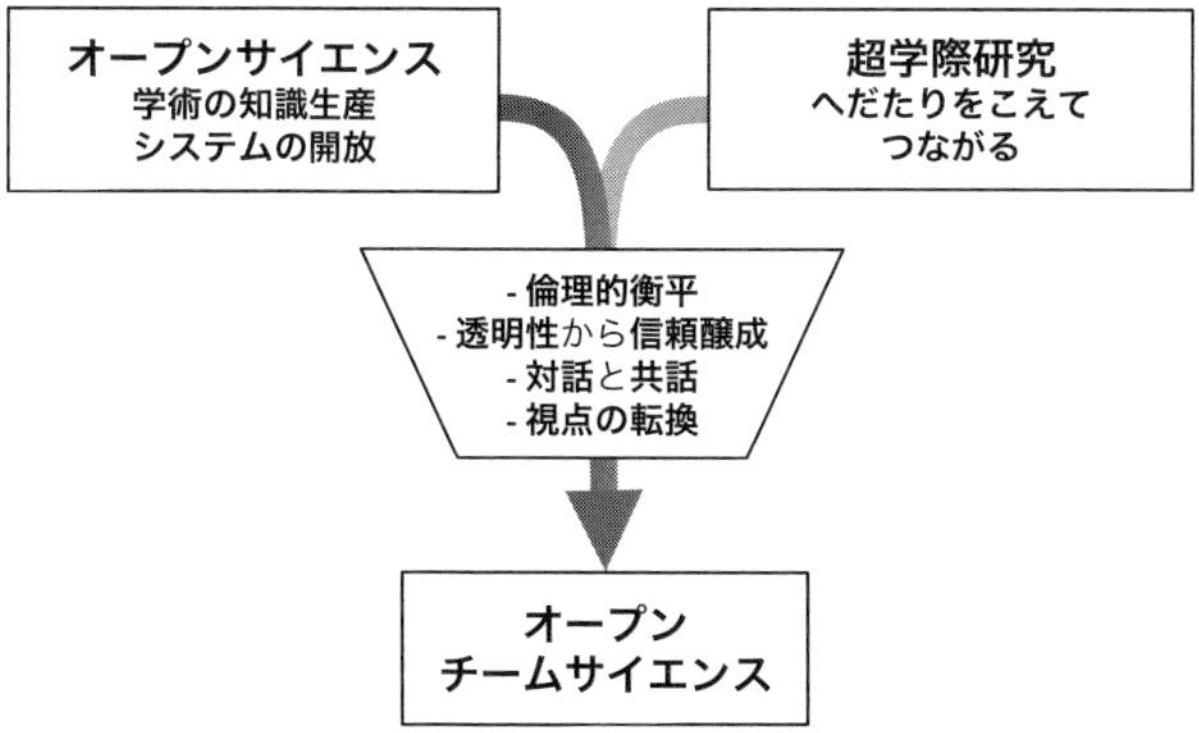

次に、研究プロセスの可視化による透明性の担保も重要です。これにより、プロセスを追検証することが可能になります。社会課題の解決は一回限りの社会実験ですから、科学実験のように現象を完全に再現することはできません。しかし、「あの時あの決断をしたから今この状況になったんだ」という因果をトラックバックできることは、事態が思惑通りに運ばないときに、思考停止に陥らずに軌道修正するために必要です。さらにいえば、日々刻々と変化するプロジェクトの近況を、関係者で遅滞なく同期することも必要です。これは、コロナ禍のようにメンバー間の物理的距離が離れた状態では、特に重要です。スラックのようなオンラインコミュニケーションツールが重要な役割を果たしてくれます。
研究プロセスの透明性を担保するためにもう一つ重要なのは、問題の現場の当事者に、自分たちがどのような目的・関心を持って、

表２　ひらかれた協働研究（オープンチームサイエンス）の自己点検項目

倫理的衡平	・千客万来（来る者拒まず、去る者追わず） ・**エンパワメント**：疎外されている主体の参加をうながし、その潜在能力を引き出しているか ・非対称（搾取）の構造を極力排除しているか
プロセスの可視化と透明性	研究プロセスを見える化して共有することにより、透明性を担保しているか 　→ 追検証可能性＋同期性 → **信頼**の醸成 ・当事者のインフォームド・コンセントをとっているか ・当事者に配慮しつつ、プロセスを公開しているか
対話と共話	対等な立場で互いの意見を聞き、相互に理解を深める配慮をしているか→ 信頼 ※日本を含むアジア圏では「共話」
視点の転換	複数の視点から問題を認識し、共有する基盤を創っているか 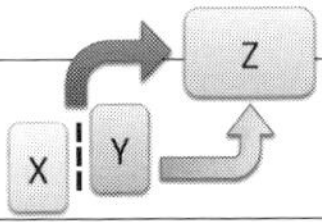

何をしようとしているのかということをじゅうぶんに説明し、同意を得ること（インフォームド・コンセント）です。また、プロセスを公開する際には、当事者の置かれた状況に配慮する必要もあります。これらは、当事者の信頼を醸成するために不可欠です。

信頼を醸成するためには、対話、すなわち対等な立場で互いの意見を聞き、相互に理解を深める必要があります。ただし、欧米型の対話では、一方が話し終わるまで他方は黙って話に耳を傾けるため、双方の主張は基本的に交わらないのに対し、日本をはじめとするアジア圏では、一方が話し終える前にもう一方が話し始め、また話し終わる前に元の方が話し始め、というように双方が相乗りして会話が進行していく「共話」が特徴的に見られます（ドミニク・チェン『未来をつくる言葉』新潮社、２０２０年）。

最後に、例えば主体XとYで利害が対立したり、関心にへだたりがあったりして、思考停止に陥りかけている時には、視点を転換して（ずらして）、複数の視点から問題を認識して共有する基盤、いうなれば〈とりつくしま〉（Z）を作ります。〈とりつくしま〉に至る経路は、複数あってかまいません。

本書の構成

本書は、オープンチームサイエンス・プロジェクトが2018年6月から2020年9月にかけておおむね月1回のペースで開催した「オープンチームサイエンス・ウェビナー」をもとに書き下ろしました。ウェビナーとは、インターネットで配信するセミナーのことで、ライブ配信後にユーチューブに録画を掲載して公開しています。

本書は、理論編と実践編からなります。第1部の理論編は、オープンチームサイエンスを構成する諸要素を、理論的に検討する論考からなります。第2部の実践編は、環境問題に関連する具体的な研究実践を踏まえて、オープンチームサイエンスはどうあるべきかを問い直す内容になっています。どこから読んでも、オープンチームサイエンスという「ひらかれた協働研究」の思想の一端が垣間見えるようになっています。

オープンチームサイエンスは、完成された理論ではありません。協働研究の現場からのフィードバックを受けて、どんどん改良していくべき作業仮説です。この本の読者であるあなたもまた、オープンチームサイエンスを一緒に良くしていく仲間です。

さあ、知的冒険への扉をひらきましょう。

第1部　理論編

1章　知はどこにあるのか――「あいだ」に出ていく超学際研究

宮田　晃碩

要点　環境問題を解く鍵は、人びとの「あいだ」にあるのではないか。どうすれば見つかるのか、哲学を通して考える。

オープンチームサイエンスが重視することの一つに「透明性」があります（「はじめに」参照）。それは、どのように探求がなされたかということを、その過程も含めて振り返れるようにしておく、ということです。さて、この書籍自体がオープンチームサイエンスの一成果（あるいは一過程）であるとすれば、いま私が書いているこの章も、どのような立場から書いているものなのか、その経緯を示しておくべきでしょう。そういう次第で、いささか個人的な話から始めることをご容赦ください。

私は現在大学院の博士課程に在籍している駆け出しの哲学研究者です。専門は現象学と呼ばれる分野で、主にマルティン・ハイデガーという哲学者の著作を一次文献として研究しています。オープンチームサイエンスとは直接関わらないようにも思えますが、縁あって総合地球環境学研究所にインターンシップで滞在する機会をいただき、大喜びで乗り込んでいきました。それは、哲学研究者の私にとって、超学際研究がきわめて「哲学的」な営みに見えたからです。

哲学研究者から見た超学際研究

たしかに超学際研究は、現実の問題に立ち向かいその解決を目指すものですから、通常の「哲学」のイメージ——抽象的で普遍的な事柄を問うもの——とは対極にあるようにも見えます。それでも私が哲学的であると思ったのは、次のような点でした。即ち、超学際研究においては様々な背景をもった複数の主体が関わり合うわけですが、そのために各主体が、自らの知識や関心、方法論について根本的な反省を迫られるという点です。例えばあるコミュニティの持続可能性を論ずるというときにも、多様な観点からのアプローチがなされるわけですから、果たして自分の分野の指標は適切なのだろうかといったことがつねに問いにさらされます。そもそも持続可能性とは何かといったことさえ、異なる学問分野、異なる知的背景をもった人たちの間で議論されることになります。

さて、私としてはこれをただ「哲学的だ！」といって感動しているわけにもいきません。自分自身の関わり方を探ることになります。ここで一つ考えられるのは、専門知としての哲学が、超学際研究の概念化にあたって役立ちうるということでしょう。これは大事なことです。ですが同時に、こうも思われました——超学際研究において行われているこの営みこそ、哲学書を読解しつつ考えることにも劣らず哲学的というべきではないのか。そうだとすれば哲学研究の方が、超学際研究から学びうるのではないか。

このような関心を出発点として、以下では超学際研究がどのような探求であるのかということを、「知はどこにあるのか」という問いから考えてみたいと思います。はじめに、哲学的な営みとしての探求がある種のパラドクスを抱えているのではないかという点を指摘したうえで、具体的な話題を扱うことにします。

「知を求める」とはどういうことか

「哲学」を意味する西洋語（英語では philosophy）は古代ギリシア語の「フィロソフィア」に由来し、この語はまた「愛」を意味する「フィリア」と「知」を意味する「ソフィア」から成ります。つまり「哲学」という言葉の構成要素には「愛」が含まれるわけです。これは何か本質的なことを示唆していないでしょうか。例えばリオタールという思想家はここに、自分に欠けているものへの欲望、という動向を見てとります（ジャン＝フランソワ・リオタール『なぜ哲学するのか？』松葉祥一訳、法政大学出版局、２０１４年）。知を愛するというからには、それは単に知識を所有したり活用したりするのではない、それは「求める」という動きを含んでいる、というのです。そして彼は、「知を求める」という動きの逆説的な構造に注目します。

このことを説明するために、回り道のようですが、プラトン『メノン』（藤沢令夫訳、岩波書店、１９９４年）から、「探求のパラドクス」として知られている議論を取り上げてみましょう。

この対話篇のなかで青年メノンはソクラテスに、「徳は人に教えることができるのでしょうか」と質問します。ソクラテスは、これに答える前にまず「徳とは何か」を明らかにせねばならないと言うのですが、メノンはこれに疑念を差し挟み、あろうことか「徳とは何か」という問いが成立しないのではないかと指摘するのです。その指摘は以下のようにまとめられます。

第一に、私たちは知っているものを探求することはできない。なぜなら、私たちはその場合求めるべきものを既に知っていて、探求にならないのだから。そして第二に、私たちは知らないものを探求することはできない。なぜなら、私たちはその場合何を探求すべきか分からないし、偶然手に入れたとしても、それが求めていたものだということが分からないのだから。――それゆえ結局のところ、何かを探求することなど不可能ではないか、とメノンは結論付けるのです。

ソクラテスがどう答えたのかについては、『メノン』を読んで確認していただくことにしますが、いずれにせよメノンの指摘は、「探求」の営みがパラドクスを含んでいることを鮮やかに照らし出しています。その逆説性はとりもなおさず、「知を求める」という動きが単に「知」に留まるのでもまた「未知」に立ち尽くすのでもなく、むしろ「知」と「未知」のあいだにあるということに由来しているように思われます。私たちは探求の目標を、「私たちが未だ知らないのはそれである」という仕方で知っていなければならないのです。リオタールはこの微妙な事情を「欲望」の本質として見てとり、それはつまり欲望の対象が「不在という形式で現前する」ことなのだと言い表しています。哲学はどうやら、この逆説性を引き受けながらなされる営みなのだというわけです。

超学際研究における「知と未知のあいだ」

話題が抽象的になってしまいました。しかし「知と未知のあいだ」が超学際研究にとって重要な問題であるということは、右に見た議論を次のような問いに言い換えればはっきりするでしょう。即ち、知が未だ所有されていないとすれば、それはどうして「ある」と言えるのか、それはどこにあると言えるのか、という問いです。

「知は世界のどこかにあって、私たちによる発見を待っているのだ」と答えたくなるかもしれません。しかし知とはあくまで私たちが「知る」ことにおいて成立するはずのものです。「知る」主体がいなければ「知」もありません。このことは超学際研究にとって特に重要です。なぜなら超学際研究は、知を有する主体の多様性を重んじ、その主体の問題関心に従って知のありようも多様であることを認めるからです。そうだとすれば、超学際研究が求める知とは、誰にとっての知なのでしょうか。いったい誰にとっての「未知」が、探求において「求められるべき知」なのでしょうか。超学際研究において考えねばならないのは、おそらく「知のありよう」だけではなく「未知のありよう」もまた主体によって多様である、ということです。リオタールの洞察や探求のパラドクスが示唆しているのは、つまるところ、私たちは拙速に「知」を求めるのではなく、そもそもどのように「未知」に向かっているのかをよく考えねばならない、ということでしょう。

超学際研究の場合、その「未知」には、探求の対象のみならず、共に探求に携わる他者に関する「未知」も含まれます。「知と未知のあいだ」は、「多様な主体のあいだ」に重なってくるわけです。そして実際、他者と関わることではじめて自分の「未知」に気付くことも、往々にしてあるはずです。そうなってくると、探求において求められる「知」は、多様な主体のあいだの複雑な相互作用のなかで規定されることになるでしょう。

私としてはこの点に、超学際研究から哲学が学べるものもあると考えています。以下ではその点をさらに掘り下げるべく、他者とのあいだで知と未知のあいだに立って探求する、という事態を照らし出してくれる著作を取り上げることにしましょう。超学際研究そのものを取り上げるわけではありませんが、しかし本質的な部分で、超学際研究に対する示唆も与えられると思っています。

「回復の語り」と「混沌の語り」

ここで取り上げるのは、社会学者のアーサー・W・フランクによる『傷ついた物語の語り手』（鈴木智之訳、ゆみる出版、２００２年）です。私たちは病についてどのように語るのか、またそれをどのように聞くことができるのかということを分析、考察した本なのですが、これは対話のなかで「探求」がなされるさまを鋭く示しています。

私たちは病気になると、それを何らかの仕方で意味付けします。この病は自分の人生をどう損なってしまうのか、どうすれば元の生活に復帰できるのか、あるいはこの病は自分にとっての転機となるのだろうか、といったことを私たちは考えるわけです。フランクはその意味付けの様式を「物語」ないし「語り」

として捉え、病を語る物語には大きく分けて三つのタイプがあると論じます。

第一のタイプが「回復の語り（restitution narrative）」です。それは例えば、この病気はこれこれの診断がついているのでこれこれの治療をする、そうすればかくかくの期間で治り、元の仕事に復帰できる、といった仕方で自分の病を意味づけるものです。つまり、元の生活への復帰というストーリーのもとで、自分の病を理解するわけです。私たちは多くの場合、病についてこのように語りますし、また病の人を見舞う側としても、そのように励ましたいと思うものでしょう。私たちの社会が「健康」を規準としているかぎり、この語りは規範的な力を持つと言えます。

けれども現実には、必ずしも「回復」が順風満帆に進むとは限りません。病が治らないことはありえますし、正しいとされる治療を受けながら、回復のストーリーが疑わしく思えてくるということもありえます。そのような状況における不安や苦しみの表出をも「語り」として聞き取る必要があると、フランクは主張するのです。それが「混沌の語り（chaos narrative）」です。これはもはや明確なストーリーを持たず、ただ現在の苦しみや不安を連ねるばかりの語りであるとされます。言ってみれば、語り自体に終わりが見えず、ただ行き先の見えない苦しみだけが、語りを支配するわけです。これは聞く者にとっても、不安や苛立ちを惹起するものでしょう。聞き手はしばしば、それを語りと認めず、その状況から抜け出すストーリーを病者に期待したり、逆に語り聞かせようとしたりします。ところがこの語りの本質は、はっきり語ることなどできないというまさにその点にあり、そういう仕方で病者自身の苦しみを語り出しているのです。

「探求の語り」の可能性

フランクはもう一つ、「探求の語り（quest narrative）」を挙げています。回復の語りがもはや無効になってしまったとすれば、自分の人生の全体としての物語も、全面的に変わらざるを得ません。そこで「混沌」を切り抜け、病を自分に固有の経験として引き受けて、その観点から人生を語り直すような語りを「探求の語り」と呼ぶわけです。これこそフランクが理想と見なす語りのタイプです。というのも、ここではじめて、私たちは「自分の声で」語ることができるからです。回復の語りはもちろん必要ですし大抵は助けになるものですが、しかしそれに縛られているあいだ私たちは、自分自身の語りを奪われているというのです。

もちろん、そのような語りは突然成立するものではありません。フランクが強調するのは、混沌の語りからしか探求の語りは生まれてこないということです。混沌に身をさらすことが、探求の条件であるとされるのです。そしてそのためにも、混沌の語りをそれとして認め、探求の生成に居合わせる聞き手の存在が不可欠であるとフランクは言います。これはひょっとすると、文字通りの「病」には限らないかもしれません。環境問題や社会問題についても、混沌を通じてはじめて探求は可能である、と言うことができるかもしれません。

ここで私が注目したいのは、対話において他者の語りを「聞く」ないし「理解する」というとき、そこには内容的にも時間的にも様々な層があるということです。病の語りを聞くときになされているのは、単に言葉の文字通りの意味を理解するということではありません。そこにはとりわけ、その語りはまだ別の語りになるかもしれないとか、何か表現されていないものがあるかもしれない、といった理解が伴いえます。それが探求の語りを、つまり自分自身の語りを取り戻すということを可能にするわけです。

さらに言えば、語りが変容しうるということは、話し手と聞き手の関係性のなかで作られてくるものです。話を「聞く」とか「理解する」というのは、一方的に話されたことを受け取るというのではなく、むしろ（望もうが望むまいが）相互作用に参与することです。もしここで、探求の語りとして語られるであろう、未だ語られていないことを「未知」と呼ぶならば、混沌の語りに共に参与しながら、未だ語られていないことを予感しつつ待ち望むということが、この場合「知と未知のあいだ」に立つ「探求」なのだと言えそうです。

知の限界に直面すること

さて、ここまで曖昧に「知」と呼んできたものについて、すこし区別を立てる必要があるでしょう。データサイエンスの分野では、「ＤＩＫＷピラミッド」といって、情報の統合度に従い「データ（data）」「情報（information）」「知識（knowledge）」「知恵（wisdom）」という階層構造を立てることがあります。個々の「知識」は、それをどのように用いるかといった「知恵」に基づいて発揮されるというわけです。私たちはここまで、「知識」「知恵」を包括する意味で「知」という言葉を使ってきました。

フランクが示している「探求」は、単に新たな「知識」を求めるというものではありません。その探求はむしろ、自分の生や他人の生、社会のあり方といったものについて、これまで自分が馴染んできたのとは根本的に異なる仕方で捉え直す、という可能性を求めるものです。つまり「知識」ではなく「知恵」の探求なのです。回復の語りがもはや安住しがたいものとなり混沌の語りに身をさらすとき、私たちは、自分の「知恵」の限界に直面しているのだと言えます。「知恵」の動揺に伴って、様々な「知識」――例えば個々の治療法や保険制度についての知識など――は、救いとなるように思えたり、憎らしいものと思えたり、あるいはどうでもよいものと思えたりするでしょう。それが「混沌」の趣を呈するわけです。

　しかし、私たちが自分の知恵の限界に直面しうる事態は、病には限りません。むしろ、異なる知的背景をもつ人々がひとつの問題について話し合うような場合にも、私たちは自分の知恵の限界に直面すると言えるでしょう。それは単に「自分の知識の及ばないところがある」というのではありません。例えば海洋汚染について沿岸の住民が「何とかしてほしい」と訴え、大学の研究者が「汚染の原因は未だ特定できない」と言い、内陸の住民が「工場の操業を停止されては困る」と言い……というような場合、そこでは知識の欠如が問題であるというより、複数の知恵のあいだに亀裂が生じていると言うべきであるように思われます（そのような「亀裂」を可視化する営みとしての文学作品の可能性については、2章の後のコラムを参照してください）。このような場合にも私たちは、自分の知恵が根底から脅かされ、あるいはその脅威から身を守るために、互いに断絶してしまうということになると思われます。

　しかし、複数の知恵のあいだに亀裂が生じるとはいったいどういうことでしょうか。それは、ただ複数の異質な知恵が並立しているというのではなく、むしろある関わり合いが生じているということではないでしょうか。もし複数の知恵のあいだにまったく関わりがないとすれば、そもそも「亀裂」も生じようがないはずです。ところが同じ場所に住んでいるとか、同じ資源を利用する、あるいは同じ人間と関わるといった条件によって、その複数の知は重なり合わざるを得ません。そこで「亀裂」に直面するのです。

ここで、冒頭から考えてきた「知を求める」という動きの独特の性格を思い出すならば、私たちは次のように言うことができると思います。即ち、こうした複数の知恵のあいだの「亀裂」に直面するとき、そこでは既に新たな探求が生じつつあるのだと。というのも、複数の主体がそれぞれの知恵を携えて関わり合うとき、そこでは既に、新たな「未知」が生じていると言えるからです。この、複数の主体のあいだの「未知」は、おそらくどのような主体も、単独では直面しえないものでした。この「未知」が、複数の主体にとっての「未知」として追い求められるならば、それはまさしく「混沌」に身をさらしつつ共になされる「探求」であると言ってよいと思われます。

探求の場所としての「あいだ」

そうだとすれば、環境問題や社会問題に対して、複数の主体が関わる仕方で――つまり超学際的に――探求をおこなうというとき、そこで求められる「知」とは、まさにこの「亀裂」に対する「知」であると言えるでしょう。これはいわば、さきに挙げた「知識」「知恵」の外に絶えず出ていくような「知」です。とはいえ注意せねばならないのは、それは複数の主体を鳥瞰的に眺める唯一の視点から得られるのではない、ということです。その「知」はむしろ、各々の仕方で亀裂に直面している複数の立場から、その複数の主体の「あいだ」で求められねばなりません。そのような意味で、「知はどこにあるのか」という冒頭の問いには、「それは複数の主体のあいだで求められるものである」と答えたいのです。

そのような「あいだの知」を求める動きは、まず「あいだの未知」に直面することからしか生じてきません。ですから、超学際研究を行う際にまず必要であるのは、多様な主体をまず「未知」という場に引っ張り出し、それぞれの「未知」を共有することであると思います。これは私たちの誰にとっても、不快で、不安で、自分が脅かされるような体験でしょう。なにしろ自分の知の限界に向き合わされるのですから。しかし考えてみれば、その不安は誰にとっても同じだとも言えます。その点で私たちは対等なはずです。このように未知を共にすることによって、私たちは共に「混沌」に身をさらし、そうしてはじめて真の意味で「探求」をなしうるのではないかと思うのです。

もちろん、ただ未知に直面するというだけでは上手くやっていくことはできません。現実には、研究の主導権を握りうる権力構造がありますし、探求に参与できる人の範囲という問題もあります。また一時的に「未知を共にする」ことができたとしても、その関係を維持することは容易ではありません。そこには何らかのマネジメントが不可欠です。

オープンチームサイエンスとは、そのような課題に従事するものなのだと思います。多様な主体を互いの「あいだ」に連れ出し、知と未知の「あいだ」に位置づけ、そうして探求を可能にする。そのような「あいだ」という場所を作り出し手入れしていくのが、オープンチームサイエンスの使命なのでしょう。そこに、専門知としての哲学研究も役立ちうるだろうと思います。ただしその場合、哲学研究もやはり自分の「未知」に直面する必要があります。それは単に、自分たちの領域で未解決の問題に直面するというのではなく、「哲学研究といって自分たちのやっていることはいったい何なのだろう」という疑念を伴いながら、他の主体と共に探求することでなければなりません。そのような探求の端緒に自分はどうやら立っているらしいと、私は予感しているのです。

2章 地域の未来デザイン力を向上する知識のネットワーク化

熊澤 輝一

要点 科学と社会の「あいだ」で「知」をつなぐ方法を、知識工学の視点から探ってみる。

環境問題を解くための大事なポイントとして、これまで地域で培われてきた自然とかかわるための知識(気象や道具)や自然とのかかわりを反映した知識(地名やものの名)と、近代科学のアプローチとを効果的に組み合わせることがあります。たとえば、風水害や土砂災害、あるいは地震による津波などの自然災害のリスクを推計する際には、その土地の履歴を調べることが有効です。同時に、そのようなリスクと向き合ってきた地域の知恵(獣害対策、堤防づくり、堰づくりなど)を科学的に検証することで、今後の技術対応の手がかりを得ることができるでしょう。感染症についても同じことが言えます。しかし今日本では、人口が減少して少子高齢化が進むとともに、東京への一極集中を背景に人口の流動性は高い状況にあります。そのため、科学的知識との組み合わせ以前の問題として、これまで地域で継承されてきた生業や生活文化の知恵や知識が急速に失われつつあります。このことは、地域に適した自然との共存の選択肢を損ねるという点で、環境問題ということができるでしょう。

「地域として知っていること」を体系立てる

これらの課題を乗り越えるために本章では、地域を持続可能にするために「地域として知っていること」をどう体系立てていくのか、ということについて考えます。

なぜ「知っていること」を体系立てないといけないのでしょうか。かつて、一つの地域でずっと暮らす人が多かった時代には、生業や生活にかかわる技術や知恵は、世代から世代へと受け継がれつつ蓄積されてきました。ところが、現在は、他地域から移住してくれば、その地域のことを一から学ぶわけです。都会から山村へ移住された方の中には、地域の歴史や文化、これまで蓄積されてきた技術や知恵について理解を深め、積極的に身につけようとする人もいます。しかし、周囲にそういったことをよく知っている人がいるとは限りません。今は、インターネットに接続して検索をすれば、欲しい情報はたいがい手に入るものですが、地域の土地や自然条件のもとで蓄積されてきた情報を、身体感覚をもって見つけることは、まだまだできません。とはいえ、インターネットからも、誰かがブログ等にまとめていれば、基本的な情報は得られます。

このように考えると、今の私たちは、一つの知識体系を受け継ぐというよりは、それぞれに断片的な情報を得ながら、探索的に理解する傾向がより顕著になった時代に生きているのではないでしょうか。「地域として知っていること」を体系立てるとは、これら地域にいる人々が断片的に知っていることをつなぎ合わせて、ネットワークの形にすることを意味します。つなぎ合わせるのは、地域に内在する知識資源に限りません。近年は、気候変動による影響が顕在化し、想定を超える風水害や、気温の上昇による適した栽培作物や品種の変化、生物の生息域の変化が起こっています。このような変化を想定するための知識が無いと、前提条件の変化を見過ごすことになります。

ここからの準備として、「知識」という言葉について考えたいと思います。ピーター・バーガー、トーマス・ルックマン『現実の社会的構成―知識社会学論考』（新曜社、1977年）は、現実が社会の側から作り上げられるものであるならば、その分析対象である「知識」は、「人びとが日常生活で〈現実〉として〈知っている〉ところのものをとり上げなければならない」と主張します。現象が現実的なものであることを証明するものとして、その人の知識があるということです。その意味で、その人が「知っていること」を明らかにすることは、その人にとっての現実を理解する上での直接的な方法といえます。さらに、ここで対象とする知識は、今ここにあるものを現前させるものだけでなく、記憶とか再構成された過去のなかにあるものや、想像上の人物として未来に投射されたものを含みます。

私たちがそれぞれに持っているこういった知識や、地域内外の文書や画像・映像、サイトから得られる知識をつないでいくことで、一人ひとりは詳しくなくとも「地域として知っている」状態を実現できます。これにより、知識の内容とともに、どんな人や組織に話を伺えばよいのか、どんな資料でどんなことを調べれば自分の問題意識に答えてくれるのかといった知識を得つつ、関連することについても知ることで、次に知るべきことも見えてきます。地域を持続可能にするための未来デザインには、このような知識の資源にアクセスしやすい回路が必要であると考えます。

地域の未来デザインと知識のネットワーク化

地域の未来デザインと知識のネットワーク化の間には、じつは悩ましい関係があります。地域社会を理解する、デザインするための知識として、まず一つは、地域内外の色々な事例のデータを比較しながら差異を見出し、それを手がかりにデザイン資源を戦略的に育てていく方向があります。ある種の客観的な物差しでお互いに評価をするということで、科学が得意としている領域です。

ところが、いろいろな地域同士で比較するだけでは、その地域にかかわる人々にとってよいデザインはできません。その地域を深く理解するやり方が、どうしても必要な局面が現れるであろうということです。こういった事例を深く理解する方向には、科学がなかなか立ち入れない領域も実はあります。それは、まず、いかにその「固有の世界」をきちんと理解しているかという方向にあります。同時に、「事物の多義性」といいますが、ものごとには、いろんな見方、捉え方があることを認めるという視座に立って説明される方向があります。さらに、そのような知は、「身体性をそなえた行為」のうちにあります。中村雄二郎『臨床の知』（岩波新書、1992年）はこのような考え方を、「臨床の知」として整理しました。臨床の知とは、「個々の場合や場所を重視して深層の現実にかかわり、世界や他者がわれわれに示す隠された意味を相互行為のうちに読み取り、捉える働きをする」ものです。近代科学の眼鏡を通すよりも、より直接に、そして当事者として向き合いながら、現実を見ようという考え方です。科学の知へのオルタナティブとして提示されたもので、その特徴は、相互作用を含んだもののため、定式化しがたくモデル化しにくい点にあります。

一方で、知識をネットワーク化して、他の分野や場所、時代と連携するためには、互いに共有できる事物を介することが必要です。たとえば、日常生活で用いられることばは、対象化された事物であり、秩序を設定するものといえます。しかし、このような事物が、共有しやすいものであればあるほど、先に示した臨床の知の三つの原理である「固有世界」「事物の多義性」「身体性をそなえた行為」のいずれもが失われやすくなるでしょう。このことが、地域の未来デザインと知識のネットワーク化の関係を悩ましくしているのです。

ここで知識を、設計に関する知識と物的対象に対する行為に関する知識に分けて考えてみましょう。そうすると、未来デザインと知識ネットワークは、前者の知識に当たります。後者は、現地での活動を理解するための知識で、現地で経験しながら時に身体感覚を伴った形で得られる場合もあります。ここから考えて、このような知識を「実際の行動にかかわる知識」と呼ぶことにします。未来デザインは、設計に関する知識として共有可能でありながら、「実際の行動にかかわる知識」を反映したものであることが求められるのです。知識のネットワーク化は、このような要求にどこまで答えられるのでしょうか。ここからは、実際の行動にかかわる知識を共有する方法について考えていきたいと思います。

実際の行動にかかわる知識を把握して共有可能にする

まず、「実際の行動にかかわる知識」を共有可能な知識に変換する方法について、考えてみたいと思います。

地域の現場に入って調査やワークショップを実施する際には、いろいろな場で、いろいろな立場の人から知識を収集することになります。これを、皆で共有できるようにするには、共通の方法に則ることが必要です。ここでは、「研究者による」収集と共有の方法という括弧つきの方法ではありますが、その一端をご紹介します。活動といってもいろいろあります。ここでは活動についての知識を収集して把握し、共有可能な情報にする方法を、対象者の立場別にご紹介します。また、先述の臨床の知を手がかりに、相互行為のうちにあるものを知識としてどう共有可能にするのか、という点についても整理してみたいと思います。引いている事例はいずれも、筆者が研究活動の場としている滋賀県高島市での活動です。

まず、個人・グループとして活動をみた場合です。例えば、写真左上は、ある子育てサークルの様子なのですが、この活動から知識を抽出したいなと思った場合に何ができるかというと、第三者的に見る場合は、活動プログラムの内容、参加者の居住地などの情報を得たり、活動への参加理由を選択肢のあるアンケート調査から情報を得るなどして、ここからそのサークルが持つ知識を解き明かすことになります。一方で、さきに紹介した相互行為のうちに捉えることを目指すならば、なぜこの活動をしているのかを丁寧に聞き取る、というやり方になります。視点を変えると、調査者との間の対話から知識の内容を明らかかに

写真　調査対象の各場面

（左上：子育てサークル；右上：盆踊り；左下：移動販売；右下：市民と行政による協働の場＝右下は高島市役所ホームページ、他は筆者撮影）

していく、というやり方です。写真を一緒に見ながらどう思うか尋ねる中で知識を把握する方法もあるかと思います。

知識は、語りや文字といったことばから把握されるものばかりではありません。例えば写真右上は朽木地域で踊られてきた「ヤッサ」の様子ですけれども、この動きがどうなっているのか、間合いはどうなっているのかといったことも知識です。外側からみたものは動きに関する知識であり、本人が体で覚えているのは「身体知」と呼ばれるものになります。例えば、朽木地域の中でも、かつては同じ「ヤッサ」でも各集落で少しずつ踊り方が違っていたようです（朽木村史編纂委員会『朽木村史通史編』（高島市、2010年）。それはどう違うのかという話です。そうした場合の第三者的な把握の方法としては、映像で記録して、踊りのシークエンス、リズム、所作などを計量分析する。あるいは、参加者の属性から背景となる知識を解き明かすといったやり方もあるでしょう。一方で、相互行為のうちに捉えることを目指すならば、映像で記録してそのような踊りが構成するに至った経緯をきちんと記述するといったことになります。調査者である撮影者側の間合いの変化もまた、分析対象になるかと思います。

今度は、地域のステークホルダー（利害関係者）として活動をみた場合です。ただし、一つ気をつけなければいけないことは、たとえば、市民を「市民」というステークホルダーとして見た場合であっても、やはり聞き取りをするのは個人と個人とのかかわりになりますので、ステークホルダーと個人とのオーバーラップは避けられません。よって正確には、地域のステークホルダー・個人として活動をみた場合です。写真左下はＪＡによる移動販売のケースですけども、こういった場合の第三者的な把握の方法は、販売ルートですとか、常連客が新しく増えたか、商品別の売り上げの変化はどうなったかといった情報から、移動販売を行う主体が持つ知識を解き明かすことになります。一方で相互行為のうちに捉えることを目指すならば、販売者と購入者とのやりとりを観察する中で知識を得たり、地域の団体としてここで移動販売を続けることの意義を丁寧に聞き取るというふうに、調査者と行為者との関係の中で知識を得ることになります。

最後は、ガバナンスの現場をみてみましょう。写真右下は、市民と行政が協働してまちづくりのあり方を考える高島市の事業で、筆者も参画していた第2期高島市まちづくり推進会議の全体会議の事例です。市民協働の場ということで、いろいろな立場の人が市民というステークホルダーとしてかかわっている場合です。この会議体が全体としてもつ知識を得る場合、どういうかたちで知識を得るのでしょうか。第三者的な把握の方法としては、参加者数・属性、プログラム構成といった情報から解き明かすというやり方があります。統計解析に基づいて、会議で得られたトピックを抽出したり、参加者へのアンケート調査の結果から把握したりすることもできます。一方で、相互行為的に把握することを目指すならば、会議での語りの連鎖を考察したり、なぜこの会議に参加しているのかを丁寧に聞き取ったりといった知識の得かたがあります。

以上、いくつかの場面に分けて事例を引きながら、地域にある「実際の行動にかかわる知識」を共有可能なものに変換する方法を示しました。知識そのものの在り様がいろいろある中で、いろいろな知識の得かたがあることが見えてきました。最後に、相互行為による把握については、その方法ゆえに、調査者が変われば対象者の反応のしかたも変わってきます。実際の行動にかかわる知識を共有可能にするとは、そういった前提条件についても共有しておくことを意味します。

実際の行動にかかわる知識を共有するための取り組み

共有可能な情報となった「実際の行動にかかわる知識」を、実際に共有するためにネットワーク化するには、どうすればいいのでしょうか。ここでは、地域の様々な事例を共有するにあたっての基本的な項目を作った取り組みと、その項目に沿って、インターネット上で利用可能な統合データベースとして実装した取り組みをご紹介します。

地域や環境を研究対象とする研究者も、その多くは、実際の行動にかかわる知識を抽出するために、その分野の研究者はフィールド調査を行います。しかし、調査を重ねた研究者の多くはある課題にぶつかるのではないでしょうか。それは、地域をきちんと理解するために一生懸命調べて記述したけれども、それを他の地域や自然的社会的条件の異なる事例や、問題の構図は同じだけれども分野の異なる事例に応用することは、どうしても難しいということです。なぜなら、ある種の共通点というか入り口、取っかかりというものがないからです。

そういった、いわゆるフィールド研究者たちのせっかくの研究成果を、何とか利用可能な知識として共有したいということで、エリノア・オストロムは、その晩年の仕事として、フィールド調査を結びつけるための共通の項目を作りました。これが「社会生態システムの枠組み（Social-Ecological Systems Framework）」です（表）。基本的には水資源の管理から出てきた枠組みですが、その応用範囲は広がっているかと思います。社会生態システムとは、生態系と社会のシステムが相互に関係し合っているシステムのことをいいます。オストロムは、その地域の社会生態システムが持続可能かどうか調べるための分析装置として、53の項目を導き出しました。この枠組みを使って、事例の分析、検証、評価、指針作りを行う。この枠組みは、そういった道具です。なお、この枠組みは、コモンズを研究対象とする研究者らによって、その用途や対象などに応じて更新の提案がなされています。

この枠組み（ＳＥＳｓフレームワーク）などに基づいて、フィールド調査で得られた知識をつなげていこうということで作られたのが、社会生態システムメタ分析データベース（https://sesmad.dartmouth.edu）です。ダートマス大学のマイケル・コックスが中心になって、共有の社会生態システムの事例をつなぐためのデータベースを作りました。そのデータベースが、じつは先述の項目に即した項目立てになっています。この項目立てに即して、事例ごとの説明が書かれています。さらにその事例同士がどうつながってい

表　社会生態システムの持続可能性を診断する枠組み

S 社会的・経済的・政治的環境

S1 経済発展.
S2 人口動向
S3 政治的安定度
S4 政府の資源政策
S5 市場の誘因
S6 報道機関

↕

RS 資源システム

RS1 部門(例:水、森林、草原、魚)
RS2 システム境界の明確さ
RS3 資源システム(※)の大きさ
RS4 人間が作った施設
RS5 システム(※)の生産性
RS6 平衡特性
RS7 システムダイナミックス(※)の予測可能性
RS8 保存特性
RS9 位置

GS 統治システム

GS1 政府組織
GS2 非政府組織
GS3 ネットワーク構造
GS4 所有権制度
GS5 運用ルール
GS6 集合的選択のルール(※)
GS7 構成上のルール
GS8 監視と制裁のプロセス

RU 資源の構成単位

RU1 資源の構成単位の流動性(※)
RU2 成長もしくは交換率
RU3 資源の構成単位間の相互作用
RU4 経済的価値
RU5 構成単位の数
RU6 識別性
RU7 空間的かつ時間的な配分

U 利用者

U1 利用者数
U2 利用者の社会経済的属性
U3 利用の歴史
U4 場所
U5 リーダーシップ/起業家精神
U6 規範/社会資本(※)
U7 SES/心的モデルについての知識(※)
U8 資源の重要性(※)
U9 利用される技術

I 相互作用 → O 結果

I1 多様な利用者の収穫水準
I2 利用者間で共有している情報
I3 討議のプロセス
I4 利用者間のコンフリクト
I5 投資活動
I6 ロビー活動
I7 自己組織化活動
I8 ネットワーキング活動

O1 社会的な達成度の尺度
(例:効率性、公平性、説明責任、持続可能性)
O2 生態学的な達成度の尺度
(例:乱獲、回復力、生物多様性、持続可能性)
O3 他のSESへの外部性

↕

ECO 関係する生態系

ECO1 気候のパターン
ECO2 汚染のパターン
ECO3 焦点を置いたSES内外への流れ

(※)自己組織化に関連して見出された変数の部分集合
(オストロムの論文から筆者作成)

るのかを可視化するシステムも開発されています。

筆者らが所属する総合地球環境学研究所では、２０１２年度から２０１６年度に実施された研究プロジェクト「地域環境知形成による新たなコモンズの創生と持続可能な管理」で、地球環境知シミュレーターを開発しています。フィールドにある様々な知識をデータベースに格納し、これをセマンティック・ネットワークと呼ばれる技術でつないでいます。これについては、『地域環境学』（佐藤哲・菊地直樹編、東京大学出版会、２０１８年）の18章を参照してください。

このように、研究開発の領域において、地域にかかわる様々な知識をネットワーク化して共有できるようにする取り組みは進められてきました。こうして得られた知識は、「行動へ結びつけるための知識」として未来デザインの構成要素となるのです。今後は、このようにして開発されたシステムを、研究者ではない、より一般のユーザが使いこなしながら、知識のネットワークを探索して自らの課題を整理しつつ、地域の未来デザインについて話し合えることが課題です。そのための機能の開発や仕組みづくりが求められています。

つないでひろがる先の「地域として知っている」へ

本章では、地域の未来をデザインするために地域の内外にある知識をネットワーク化し、「地域として知っている」状況をつくるための方法を、いくつかの事例や手法を引きつつ論じました。

最後に、筆者らが所属する総合地球環境学研究所で試験公開しているツールを紹介しましょう。「地球環境学ビジュアルキーワードマップ」（http://gesvkm.chikyu.ac.jp）といって、これは、地球環境学のキーワードを表現したグラフィック「キーワードアイコン」同士の連関をたどり、用語解説や資料情報を参照しながら、関心のある知識を自ら収集し蓄積する、というものです。このようなツールを手軽に作れるアプリケーションが開発されたり、ゲームなどのアプリ開発に必要な仕様が用意されたりすることになれば、プロボノ（職業上持っている知識やスキルを無償提供して社会貢献するボランティア）を介した地域での普及は急速に進み、知識のネットワーク化がより円滑に実現することでしょう。

こうした「つながる知識」を使いこなすことで、地域にはどんなことが起こっており（起こってきた、これから起こりそうだ）、その知識がどこにあるのか、どんな人に聞けばよいか、何の資料を参考に、何について調べればよいのか、といったことが見えること。そして、これらから得た知識をもって議論できれば、地域の課題対応力が大きく向上するものと考えています。これが、変わりつつある社会にある新しい形での「地域として知っている」という姿なのです。

『苦海浄土』にみる「あいだの知と未知」

宮田　晃碩

複数の主体のあいだで、未知を共にしながらなされる探求――これが、私の超学際研究についての理解です。それはいわば、複数の主体のあいだの知と未知に携わる探求活動です。そのような知の生じてくる可能性を一つの作品において示し、私たちを思索と探求に誘うこともできるのだ――石牟礼道子『苦海浄土』（講談社、1972年）は、そのことを示す傑出した文学作品であるように思われます。これは水俣病事件の実態を広く知らしめた文学作品ですが、また同時に、私たちが環境問題や社会問題に取り組むときに見過ごしてはならない、独特の「知」のありようを伝えているようにも思われるのです。

『苦海浄土』の「聞き書」から

この作品には、医学的な診断書や報告書、市議会の記録、当時の新聞記事など、小説的な書きぶりには馴染まないようなテクストがそのまま長々と引かれており、やや異様な観を呈しています。また一方で、この作品が文学的に高く評価されている大きな理由は、水俣病患者の語りを方言のままに書き留めた「聞き書」と呼ばれる部分にあります。それがどのような調子のものか、「ゆき女きき書」という章から引用してみましょう。

舟の上はほんによかった。／イカ奴は素っ気のうて、揚げるとすぐにぷうぷう墨ふきかけよるばってん、あのタコは、タコ奴はほんにもぞかとばい。／〔…〕／わが食う魚にも海のものには煩悩のわく。あのころはほんによかった。／舟ももう、売ってしもうた。／うちは海に行こうごたると。

海の底の景色も陸の上とおんなじに、春も秋も夏も冬もあっとばい。うちゃ、きっと海の底には龍宮のあるとおもうとる。夢んごてうつくしかもね。海に飽くちゅうこた、決してなかりよった。

ここで漁婦ゆきは公害によって失われた生活を語っており、病の痛切な苦しみも語るのですが、しかし右に引いたような語りはもはや、どのような被害があったのかということを伝える資料というより、むしろその失われたものを、夢のように美しい景色として伝える詩的な語りになっています。「ゆき女きき書」は次のように締め括られます。

人間な死ねばまた人間に生まれてくっとじゃろうか。うちゃやっぱり、ほかのもんに生まれ替わらず、人間に生まれ替わってきたがよか。うちゃもういっぺん、じいちゃんと舟で海にゆこうごたる。うちがワキ櫓ば漕いで、じいちゃんがトモ櫓ば漕いで二丁櫓で。漁師の嫁御になって天草から渡ってきたんじゃもん。／うちゃぼんのうの深かけんもう一ぺんきっと人間に生まれ替わってくる。

愛着、愛情のことを水俣の言葉で「ぼんのう」と言うのですが、煩悩があるためにまた生まれ変わってくるというのは、仏教的なニュアンスも感じられます。『苦海浄土』というタイトルは、このようなイメージを含んだものであるかもしれません。いずれにせよこのような風土への感受性、人間の生への感覚を豊かに伝える点に、この作品の文学的価値が認められているのです。

「聞き書」において何を理解すべきなのか

さて、このような語りがどのように「知」に関わるのか、と思われるかもしれません。それに、ここには看過しがたい問題もあります。文庫版のあとがきを読んでも分かることですが、この「聞き書」は実のところ、録音やメモに基づいて書き起こされたものではなく、むしろ多分に石牟礼の創作を含んでいるのです。「だって、あの人が心の中で言っていることを文字にすると、ああなるんだもの」と石牟礼は言っているらしいのですが、そう思って読み返すと、確かに石牟礼自身の言葉づかいであろうと思われる表現が重要な箇所で使われていますし、『苦海浄土』出版以前に別の雑誌で発表された原稿と比べてみても、石牟礼が「聞き書」に変更を加えていることが分かります。

では私たちはこの「聞き書」をいったいどのようなものとして受け止めればよいのでしょうか。不完全な資料として受け止めるべきなのでしょうか。それともあくまでフィクションとして受け止め、つまり現実とは切り離し、私たち各人の心に訴えるところがあるという点にその意義を認めるべきなのでしょうか。この問いは、次のように言い換えることもできそうです。つまり、この「聞き書」において語っているのは誰なのか。それはあくまで患者であると考えるべきなのか、それとも作家としての石牟礼が語っていると考えるべきなのか、と。それに応じて、このテクストのもつ知的価値も変わってくるわけです。

しかしここで考えねばならないのは、仮に患者の語った通りに書き留めたとしても、そもそも「聞き書き」という行為には書き手＝聞き手の存在も関わらざるをえないのではないか、ということです。聞き手がどのように尋ねるか、どのような態度で聞くか、またどのような信頼関係がそこに成り立っているかといった様々な条件によって、語られることは変わってくるでしょう。そうだとすれば、その語りの創出は、語り手と聞き手との相互行為なのだと考えられます。もちろん、だから書き手が自由に書いてよいということではありませんが、少なくとも次のようには言えるでしょう。即ち、「聞き書」を患者の語りか石牟礼の語りかといったように、個人を単位として考えることには無理があるのではないか、と。私たちはここで、語りが両者の「あいだ」で生成する、ということに注目すべきではないでしょうか。そのうえで、それを文学作品として

「書く」とはいかなる営みであるのか、ということを考える必要があるように思われるのです。

またもう一つには、語られた言葉が、なにか語り手や書き手の思いを伝えるものとしてそれ自体で独立して存在するわけではない、ということがあります。その語りはむしろ、私たちも目にしうる漁具や舟や魚や海、あるいは人々の姿といったものについて、彼女らが身を置くある観点からの見方を伝えるものであると言うべきでしょう。そのような意味で、この語りは様々な事物や水俣の歴史的風土、また生きるとはどういうことか、といったことについての、彼女らの「知」を伝えるものだと言えそうです。

もちろんそこには、私たちには窺い知ることのおぼつかない、彼女らの風土的な、あるいは歴史的な感覚が背景としてあるはずです。しかしそれは全く秘せられているのではなく、具体的に語られた事柄を通じて仄めかされているものです。私たちはその具体性を通じて、未知なる背景に直面することができます。私たちが彼女らの語りを理解する、ないし受け止めるということには、そうして「未知のものに直面する」という意義が含まれているように思われるのです。そのようにして私たち読者自身が、「知と未知のあいだ」に連れ出されるということが、聞き書のひとつの受け止め方ではないかと思われます。

『苦海浄土』が描き出す「亀裂」への知

さきにも触れたとおり、『苦海浄土』は様々な資料の引用を含んでおり、それゆえパッチワーク的な構成にも見えます。それらはもちろん、水俣病事件の実態を伝えるために引かれているのですが、しかし同時に、それ以上の効果を発揮しているようにも思われます。

この作品において、根本的に性質の異なる語りを並置するということには、おそらく極めて重要な意味があります。石牟礼自身はあくまで患者の立場に寄り添って書くのですが、それと同時に、患者を差別する側に回ってしまった市民の言葉や、原因企業となったチッソの提示した「見舞金契約書」の文面などをも引用することによって、むしろ人々のあいだの分断の深さを克明に描き出そうとしているように思われるのです。このことは、補償をめぐる運動が展開し、患者や支援者のなかでさえ複雑な対立が生じてくる『苦海浄土』第二部、第三部にいたってより鮮明になってきます。

結局『苦海浄土』という作品は何を表現しているのでしょうか。もちろんそれは一言で表せるものではありません。ただ、私が1章「知はどこにあるのか」で使った言葉に当てはめて言えば、石牟礼は私たちが身を置いている「混沌」を描き出し、その混沌に身をさらすことではじめて可能になるような「探求」へと、私たちを誘っているようにも思えるのです。石牟礼自身の予感めいた一節を引用してみましょう。

今年はすべてのことが顕在化する。われわれの、うすい日常の足元にある亀裂が、もっとぱっくりと口をひらく。そこに降りてゆかねばならない。われわれの中のすでに不毛な諸関係の諸様相が根こそぎにあばきだされる。

ここで石牟礼は、水俣病をその「集約的表現」として現れてきた共同体破壊、そしてその水俣病を「タブー」として覆い隠してきた共同体のありようを、根本的に見つめ直そうとします。私たちが自明だと思い込んでいる日常を問い直し、その自明性の崩壊をとことんまで見つめないことには、問題の解決へ向かうことなどありえないだろうというわけです。

私たちはたいていの場合、自分の日常を根本的に脅かす「亀裂」など、覆い隠してしまうか、あるいは跳び越えるべきものと見なしてしまいます。しかしそれでは、様々な主体が、互いのあいだに広がる「未知」に直面して共に探求に乗り出す、といったことはいつまでもなされません。共に直面すべき未知というものに気付くためには、それぞれがまさに自分の「日常の足元にある亀裂」を直視せねばなりません。『苦海浄土』はそれを可能にし、かつその「亀裂」の底で、私たちがあらためて私たち自身のありようについて再び共に考えることができるのではないかという、かすかな希望をも示しているように思われるのです。そのような意味で私としては、最後に引用した『苦海浄土』の一節には、複数の「知」のあいだに生ずる亀裂を見つめようとする、最も根本的な「知」のレベルが暗示されているように思われるのです。

3章　より包摂的なパブリックエンゲージメント活動

加納　圭

要点　科学と社会の「あいだ」をつなぐ、よりよいコミュニケーションを探求してみよう。

「パブリックエンゲージメント」という言葉を聞き慣れない読者の方々もいるでしょう。おそらく「エンゲージメント」という単語が聞き慣れないせいかも知れません。エンゲージメントは「関与」と訳されることもありますが、なかなか適切な日本語訳が見当たらず「エンゲージメント」とカタカナ語のままにされることも多いです。しかし、「エンゲージリング（婚約指輪）」であれば聞いたことがある方々は多いのではないでしょうか。婚約のイメージで「エンゲージメント」という言葉を捉えると、パブリックエンゲージメント活動のことを「市民が（環境問題等へ）深い関与をする活動」だと理解することができるでしょう。

筆者は科学コミュニケーションという分野を専門としています。２０１１年の東日本大震災での反省を踏まえ、今でこそ双方向コミュニケーションによるパブリックエンゲージメント活動の重要性が認識されていますが、元来はより一方的なコミュニケーションが重要視されていました。例えば、１９９３年の文部科学省による科学技術白書で「若者の科学技術離れ」が取り上げられたことにより、「理科離れ」という言葉が定着していっただけでなく、「理科離れ」を防ぐため、すなわち市民の科学リテラシーを向上させるための理解増進活動が盛んになっていきました。

理解増進からパブリックエンゲージメントへ

この当時、科学コミュニケーション活動といえば、いかにわかりやすく専門家が市民に科学的知識を伝え、理解してもらうかに重点が置かれていました。わかりやすく伝えるために、「対象者に伝える（communicate to）」から「対象者のために伝える、すなわち、伝わる（communicate for）」ことをより重視していくことが重要視されていました。しかしその後、専門家側も社会のことを学んだほうがよい、すなわち専門家の社会リテラシー向上も重要であるとの考えも重要視されていくこととなりました。

このような状況下では、専門家が市民に情報をわかりやすく伝える／伝わるだけでは不十分で、専門家が市民の意見を聞く（listen to）／傾聴する（listen for）ことも求められることとなっていきました。すなわち、専門家は市民の意見を傾聴しながら、情報をわかりやすく伝わるように発信していくという、見かけ上は双方向的な「疑似的」双方向コミュニケーションが成立していくこととなったのです。また、あくまで専門家が中心的役割を担っていました。

このような流れにそうかたちで、2005年頃から日本科学未来館や国立科学博物館といった科学館や、北海道大学、東京大学、早稲田大学といった大学で科学コミュニケーター養成も始まっていきました。求められるコミュニケーション技術が高度化してきたため、専門家と一般市民との間のコミュニケーションを専門的に扱う人材が必要となってきたからです。今では「科学コミュニケーター」と呼ばれる職業が生まれており、例えば日本科学未来館では半年に一度公募されています。

ところが、2011年に東日本大震災における福島第1原子力発電所事故に端を発した諸問題を巡り、専門家の信頼が失墜することとなりました。我が国では科学技術基本法（2021年4月より科学技術・イノベーション基本法）のもと5年に1度、科学技術基本計画が策定されてきており、2011年度がちょうど第4期科学技術基本計画が始まる年度でした。しかしながら、第4期科学技術基本計画の策定プロセスとして「政府によって、平成22年度中に第4期基本計画が策定される予定でしたが、平成23年3月11日に起こった東日本大震災を受けて、総合科学技術会議（総合科学技術・イノベーション会議の前身）において内容を見直すこととし、これを経て平成23年8月に策定されました」と記されているように、東日本大震災を踏まえて計画内容が見直されることとなりました。その結果、基本方針3本柱の一つとして『「社会とともに創り進める政策」の実現』が掲げられ、「国民の期待や社会的要請を的確

図　「ために（for）」という一方向的なコミュニケーション（の組合わせによる「疑似的」双方向コミュニケーション）から「ともに（with）」という双方向コミュニケーションへの転換

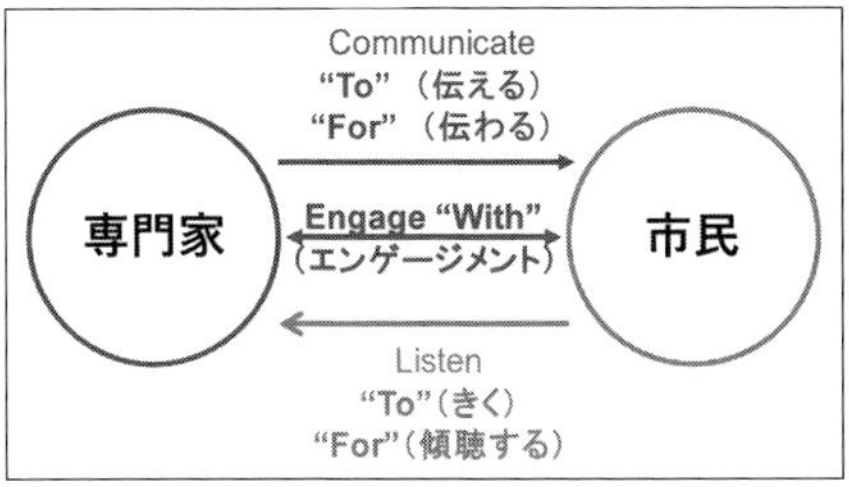

に把握し、政策の企画立案、推進に生かすため、国民との対話や情報提供を一層進め、国民の理解と信頼を得る」ことが目指されることとなりました。

すなわち、東日本大震災及び福島第一原子力発電所事故を踏まえ、理解増進からパブリックエンゲージメントへと政策が転換され、科学コミュニケーション分野においても理解増進だけでなくパブリックエンゲージメントをも重視することとなっていったのです。それまで重視されてきた伝わる（communicate for）や傾聴する（listen for）といった「ために（for）」路線から、「ともに（with）」路線へと舵を切ったともいえます（図）。

科学・技術への潜在的関心層・低関心層の参加について

環境問題に関するパブリックエンゲージメント活動へ参加することが期待されている市民とはいったいどのような市民でしょうか。それは言うまでもなく全市民でしょう。しかしながら、若者の科学技術離れ（理科離れ）が叫ばれてきたように、実際には全ての市民が参加していない現実があることも予想されます。筆者らは長年にわたり科学・技術分野におけるパブリックエンゲージメント活動への参加者層を研究してきました。その際、マーケティング分野におけるセグメンテーションとよばれる手法を用いてきました。セグメンテーションとは、顧客をいくつかのグループに分ける手法のことを言います。古典的には、性別や年齢といった属性情報によって、たとえば30代女性といったグループ（専門的にはセグメントとよばれる）をつくり、顧客をグループ毎に捉えていく手法です。しかしながら、「30代女性」と括っても多様なライ

表1　二つの問いへの回答パターンによる科学・技術への関心度合いによるセグメンテーション

Q1	① or ②	③ or ④ or ⑤	① or ② or ③	④ or ⑤
Q2	はい	はい	いいえ	いいえ
セグメント	関心層	潜在的関心層		低関心層

フスタイルを持つ「30代女性」がいるわけで、たとえば「30代女性」をターゲットにした車を開発するといったことは実際には難しいでしょう。そこで、現在ではライフスタイルや興味関心に合わせたグループ（セグメント）をつくることが行われています。

筆者らは、オーストラリアのヴィクトリア州政府がつくった科学・技術への関心の度合いによって市民を六つのグループに分ける手法に基づき、市民を科学・技術への関心層、潜在的関心層、低関心層に分ける手法を用いてきました。本手法では、「Q1　科学・技術に関心がありますか？（①とても関心がある・②関心がある・③関心があるともないとも言えない・④関心がない・⑤全く関心がないの5段階）」、「Q2　科学・技術に関する情報を積極的に調べることはありますか？（はい、いいえ）」の二つの問いへの回答パターンを用います。（表1）。

ちなみに、世論調査結果に基づくオーストラリアと日本の各セグメントの割合は、科学・技術への関心層の割合がオーストラリアの53％に対して日本は16％に留まっており、日本における科学・技術離れという課題の根深さが窺い知れます。ちなみに、潜在的関心層のオーストラリアと日本における割合はそれぞれ34％と62％となっています。

筆者らは上記二つの質問を含む質問紙調査を科学・技術に関するイベント参加者に対して実施することで、各イベントへの参加者層を明らかにしてきました。その結果、サイエンスカフェといった小規模イベントだけでなく講演会・サイエンスフェスティバルといった中・大規模なイベントに至るまで、科学・技術への関心層の参加が多数を占めるという課題が浮き彫りとなりました。一方で、アートとの融合イベントなどにおいて、科学・技術への潜在的関心層の参加割合が増すなどの知見も得られており、科学・技術への潜在的関心層・低関心層を包摂する工夫の余地があるでしょう。

より包摂的なパブリックエンゲージメント活動に向けて

筆者らは2011年に「STI（科学技術イノベーション）に向けた政策プロセスへの関心層別関与フレーム設計」（略称PESTI）というプロジェクトを立ち上げ、パブリックエンゲージメント活動の仕組みの一つとして「対話型パブリックコメント」という、従来のパブリックコメントを発展させた新しいパブリックコメントの仕組みをパブコメ普及協会という任意団体とつくりあげました。「対話型パブリックコメント」は、市民のみなさんの意見を集め、それを政策立案者へ届け、その結果をみなさんにお返しする、という三つのステップからなります。

PESTIプロジェクトは、科学・技術への関心層だけでなく科学・技術への潜在的・低関心層をも包摂することを目指していました。すでに述べたように、科学・技術への潜在的関心層・低関心層が科学・技術に関するイベントへあまり参加していない現状があります。となると、科学・技術への関心層の意見ばかりが届くことが予想されます。このような現状を踏まえ、パブリックエンゲージメント活動により幅広い層が関与できるようにできないか、すなわちより包摂的に科学・技術への関心層だけでなく潜在的関心層・低関心層が関与できるようにできないかと考えてPESTIプロジェクトを進めてきました。

より幅広い層から意見を集めるため、パブコメワークショップという公募で集まった市民と対話をしながら意見を収集するだけでなく、市民が集まる場に出向き、対話をしながら意見を収集する（出向く）アプローチを取ることとしました。

最終的に、どのようなアプローチ法がより包摂的なアプローチ法であったか、すなわちより潜在的関心層・低関心層からの意見を収集することができたかを分析しました。その際、PESTIプロジェクトにおいて実施した27件の対話型パブリックコメント活動の参加者を対象としました。その結果、「科学系ではないイベントへ出向いたもの」「科学系のイベントへ出向いたもの」「参加者を公募したもの」の順で科学・技術への潜在的関心層・低関心層の参加割合が高かったことが分かりました。

つまり、公募よりも出向くこと、出向く先を科学系よりは科学系ではないイベントにすること、がより幅広い層から意見を収集するコツだということが明らかになりました。このことから、科学とは関係のないイベント（例えば地方のカラオケ大会や演歌まつり）に出向いていくことが科学・技術に関するパブリックエンゲージメント活動をより包摂的なものにすることにつながることが示唆されました。意見を待っているだけでは幅広い層からの意見をきくことができないというわけです。

より包摂的なパブリックエンゲージメント活動の成果例

科学・技術への関心層だけでなく、より幅広く潜在的関心層や低関心層が科学・技術に関するパブリックエンゲージメント活動へ参加するようになることが、意見の幅広さにつながるでしょうか。PESTI

表２　市民及び行政担当者意見の集約結果

価値観	市民からの意見数	行政担当者からの意見数
1．他者とのつながり・多様性	153	205
2．安全・安心	148	56
3．日本の誇り	113	201
4．日本社会の快適性・利便性・効率性	239	115
5．ワクワク・カッコいい	104	214
6．ゆとり	166	49
7．オープン・適正	12	1

プロジェクトでは、この問いにこたえるため、２０１３年から２０１４年に実施した九つの対話型パブリックコメント活動への参加者総計１７７４人から得られた総計４７７件の意見を分析しました。いずれの対話型パブリックコメントも「オリンピック・パラリンピック２０２０を契機とした２０３０年頃の将来像」とそれを実現するための科学技術について意見を求めたものです。比較対象のために文部科学省及び経済産業省の行政担当者から収集した４７８件の意見も同時に分析をしました。

その結果、意見は大きく分けて七つの価値観（1．他者とのつながり・多様性、2．安全・安心、3．日本の誇り、4．日本社会の快適性・利便性・効率性、5．ワクワク・カッコいい、6．ゆとり、7．オープン・適正）に集約されることが分かりました。それぞれの価値観に集約された市民と行政担当者の意見数の分布をみると、表2のようになりました。統計解析の結果、有意差が認められ、多様な市民からの意見と行政担当者からの意見には違いがあることが分かりました。

特に「7．オープン・適正」の価値観については市民からの意見数が行政担当者からの意見数を圧倒しており、それら意見およびその意見が出された場の詳細を見ると、関心層の参加割合が低い場から出てきた意見が多くを占めていることがわかりました。すなわち、科学・技術への関心層以外をも包摂するより包摂的なパブリックエンゲージメント活動の結果、「7．オープン・適正」という価値観が見つかりやすくなったことが示唆されました。

読者のみなさんがすでにご存知のように、オリンピック・パラリンピック２０２０を巡ってはロゴ制作や国立新競技場の建設費用を巡る諸問題がクローズアップされました。いずれも、プロセスのオープン化や、価格の適正さなどが課題になった事例です。２０１３年から２０１４年に見いだした「オープン・適正」という価値観は、重要な価値観の一つだったと回顧することができるでしょう。

このように、より包摂的なパブリックエンゲージメント活動を実施することで、行政担当者だけでは見いだすことができない重要な価値観を見いだすことができ、それが政策立案上も重要な価値観であるという事例があったということは記憶に留めて置く必要があるでしょう。

上記事例は科学・技術に関するテーマに関することではありますが、おそらく環境問題にも適用できるでしょう。筆者が暮らす滋賀県では琵琶湖に関する環境問題がよく取り上げられますが、琵琶湖沿岸部に住む市民と、琵琶湖から離れて住む市民とでは、琵琶湖に対する関心が異なるでしょう。協働を進めて行く際に、様々な関心を持つ市民をより包摂する仕組みづくりをするという視点を持っていければと思います。その際、人と人とが対面で対話・協働する仕組みづくりも重要ですし、テクノロジーを用いてある種バーチャルに対話・協働する仕組みづくりも重要でしょう。ウィズ／ポストコロナ時代においては、アナログ・デジタルの併用による、より包摂的なパブリックエンゲージメントの仕組みづくりが期待されます。

4章

研究データ公開の「ずれ」を軽減させるガイドライン

池内　有為

要点　科学と社会の「あいだ」をつなぐために、研究者のデジタルトランスフォーメーションをうながす。

オープンサイエンスの主要な取り組みの一つに「研究データの公開」があります。研究データを誰もが自由にアクセスして使えるように公開することによって、新たな発見やイノベーションの創出が起きることが期待されています。しかし、研究データを特定分野の仲間うちだけではなく、他分野の研究者から市民にまで公開する際には、しばしば利用条件を設定する必要が生じます。

本章では、分野を超えて研究データを公開する場合の利用条件に関する諸問題——さまざまな「ずれ」と、このずれを軽減するためのボトムアップの取り組みとして作成した「ガイドライン」の検討プロセスを紹介します。ガイドラインの作成主体は、研究データ利活用協議会（ＲＤＵＦ）に設置した研究データのライセンス小委員会です。ＲＤＵＦは研究データの利活用促進を目指すボランティアベースの活動で、この小委員会には産官学から多彩なメンバーが集まり、それぞれの立場から対話を重ねています。また、ガイドラインが一方的な提案とならないよう、検討プロセスはイベントやウェブで随時公開して広く意見を募っています。こうした進め方は、オープンチームサイエンスの目指すあり方とも重なる部分が多いと感じられるのではないでしょうか。

研究データ公開によって期待される効果

従来、科学研究の成果は論文や書籍などの形で公開され、世界中で共有されてきました。さらに研究の根拠となるデータもインターネット上で公開して、研究者のみならず市民や企業、政府が活用できるようにしようと考えられ、各国・地域で研究データ共有やオープンサイエンスの政策、そして研究データを公開するためのインフラが整備されてきました。

研究データの共有には、既にいくつかの成功事例があります。ヒトゲノム計画やヒッグス粒子発見の際は、世界中の研究者がデータを共有して解析することによって予想よりも早く成果が得られました。ズーニバースというプラットフォームでは、天文学、生態学、気候学、人文学などのデータが共有され、ボランティアで参加する市民によって新たな小惑星の発見など目覚ましい成果が挙げられており、市民科学の象徴ともいうべき取り組みとなっています。

２０２０年１月31日には、新型コロナウイルス感染症（ＣＯＶＩＤ－19）に関する研究データや成果を迅速に共有するための声明が出されました。声明には研究データやプレプリント（論文の草稿）を公開したとしても、後の論文出版の際に二重投稿などの問題とはしないことが明記され、学術出版社や研究助成機関などが署名しています（研究者にとって論文出版は採用や昇進、研究資金の配分などに直結する重要な業績です）。さらに、ＣＯＶＩＤ－19のような地球規模の課題をデータ公開によって一日も早く解決することは重要です。さらに、ＣＯＶＩＤ－19ワクチンのように人類の生命や健康に関わり、かつ、莫大な利益にも結びつくような課題は、研究の透明性や信頼性の確保が極めて重要だと言えるでしょう。データが公開されることによって、第三者による研究結果の検証も可能になります。

「ずれ」1 データ公開者の懸念

オープンガバメント政策などでよく使われる言い回しに、「オープン・バイ・デフォルト」という言い回しがあります。つまり、何の制限もなくデータを公開することが前提とされています。オープンサイエンス政策も「研究データを誰もが自由にアクセスして再利用できるように公開する」ことを目指していますし、データは無条件で公開した方が利用が増えることも知られています。

しかし、全く利用条件を付けずに公開することが困難なデータもあります。たとえば、機密やプライバシー情報が含まれているデータ、特許や商業的な利益と関連するデータなどです。また、研究者当人にも、研究者の所属機関や共同研究者による制限、分野の慣習、データを公開することによる誤用や剽窃の懸念など、無条件で公開するのをためらう事情があり、これらは研究データ公開の障壁になっていると指摘さ

図１　データの再利用者に求める条件

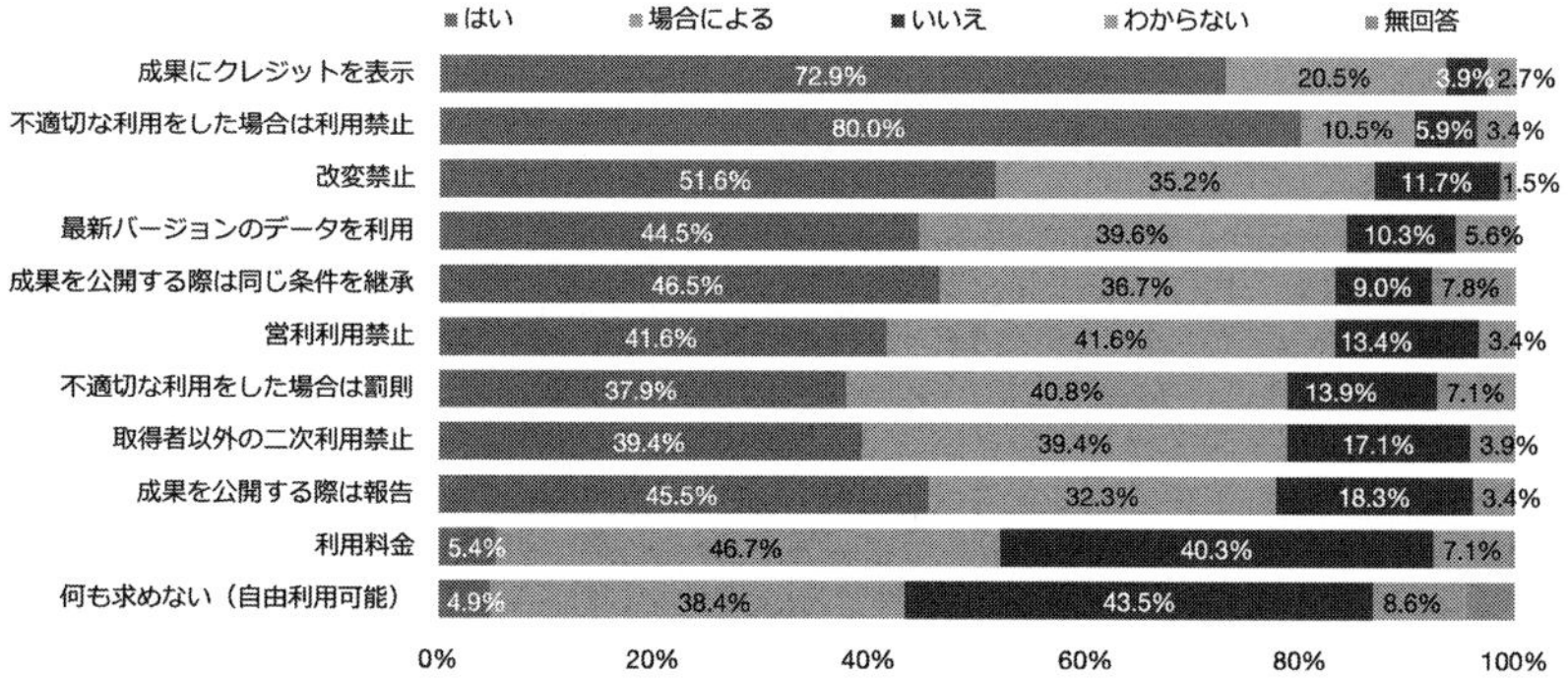

出典：「研究データ利活用協議会」研究データ利活用協議会小委員会（研究データのライセンス検討プロジェクト）報告書

れています。前節の例で公開された研究データは、特定の目的をもつ人々が再利用することが想定されています。また、何らかの取り決めが行われ、合意した者のみが再利用を許可する仕組みが整えられています。こうした枠組みがない状況で研究データを広く公開する場合には、データ公開者が必要とする利用条件を提示する必要が生じます。

それでは、研究者はデータを公開する際にどのような利用条件を望んでいるのでしょうか？　小委員会では、まず宇宙科学、社会科学、材料科学、学際分野、デジタルアーカイブのリポジトリの管理者や研究者などの専門家にインタビューを行いました。続いてインタビューで明らかになったさまざまな利用条件に基づき、研究者、データ管理者、図書館員などを対象としたオンラインアンケートを実施しました。４０９名の回答を集計した結果、ほとんどの回答者はデータを公開する際に「何らかの利用条件を定めたい」と考えていることがわかりました。たとえば、研究成果にクレジットを表示すること（引用すること）は、９割以上の回答者が求めていました（図１）。

続く質問で、「利用条件を遵守してもらえるならば、データを公開しても良いと思われますか?」と尋ねたところ、88・5%の方が「公開してもよいと思う」、または「やや公開してもよいと思う」と回答していました。もし、利用条件を遵守してもらえそうな環境が整うならば、研究データの公開が進むことが期待できそうです。

「ずれ」2 研究データの利用条件の設定と解釈の困難さ

ところが、必要な利用条件は研究者やデータによって異なります。利用条件を設定するためには規約などの形で表現しなければなりませんが、希望する利用条件をデータごとに正確に記すためには多大な労力を払う必要があります。

また、利用条件付きのデータを第三者が再利用しようとする場合、多様な利用条件を正しく理解しなければなりません。アプリやクレジットカードの利用規約のように、長々と書かれた規約を読むのは骨が折れますし、「自分はきちんと条件を守れるだろうか?」と考えると、なかなかデータを再利用する気になれないのではないでしょうか。

その上、データ公開者と再利用者が考える利用条件の解釈は一致していない可能性もあります。公開された研究データは世界中から——言い換えると研究データに関する法規や取り扱いの慣習が異なる国や地域からアクセスされ、再利用されます。多様なバックグラウンドを持つ人々に利用条件を正しく解釈してもらうのは非常に難しく、公開を諦めてしまう場合もあることが明らかにされています。こうした状況を打破するためには、誰もが理解しやすい標準的な利用条件の仕組みが必要だと考えられます。

研究データの利用条件の標準化に関する問題意識は国際的にも広く共有されています。研究データ同盟（ＲＤＡ）という国際組織では法的相互運用性分科会が設置され、２０１６年には「研究データの法的相互運用性：指針と実施のガイドライン」が公開されました。このガイドラインでは、公的資金による研究データには利用条件を設けないことを強く推奨しつつ、クレジットの表示を求めたい場合にはクリエイティブ・コモンズ・ライセンス（ＣＣライセンス）を用いることができるとしています。

「ずれ」３　既存ライセンスの問題

ＣＣライセンスは、データを公開するためのリポジトリやデジタルアーカイブなどで、利用条件を表示するための手段として比較的よく使われています。クリエイティブ・コモンズの日本語公式サイトによれば、〈ＣＣライセンスとはインターネット時代のための新しい著作権ルールで、作品を公開する作者が「この条件を守れば私の作品を自由に使って構いません。」という意思表示をするためのツールです。ＣＣライセンスを利用することで、作者は著作権を保持したまま作品を自由に流通させることができ、受け手はライセンス条件の範囲内で再配布やリミックスなどをすることができます〉と説明されています。ＣＣライセンスが提示する利用条件には、作品の「クレジット表示（ＣＣ－ＢＹ）」、「継承（ＣＣ－ＳＡ）」、「非営利（ＣＣ－ＮＣ）」、「改変禁止（ＣＣ－ＮＤ）」の4種類があり、6通りの組み合わせ方ができるため、とても使い勝手が良さそうです。ところが、ここには二つのずれがありました。

第一のずれは、ＣＣライセンスは著作権者が著作物の利用条件を表示するためのツールであるということです。日本の著作権法上、研究データの多くは著作物性が認められず著作権の保護対象とはなっていません。つまり、著作物ではないものにＣＣライセンスを適用するというのは法的な矛盾であると考えられます。クリエイティブ・コモンズも、データをＣＣ０（権利放棄）の状態で公開することについては推奨していますが、その他のライセンスを用いると、あたかもデータに著作権があるようにみなされ混乱をきたすため、クレジット表示（ＣＣ－ＢＹ）などのライセンス使用は非推奨としています。

第二のずれは、ＣＣライセンスの認知度がそれほど高くなかったことです。アンケート調査ではＣＣコモンズ、オープン・データ・コモンズ、政府標準利用規約を挙げて、これらを知っているかどうかと利用経験があるかどうかを尋ねました。その結果、ＣＣライセンスは最もよく知られていたものの回答者の半数未満（46・９％）にとどまり、うち、実際に利用したことがあった回答者は30・７％でした。

最終的に、ガイドラインでは研究データの利用条件の表示方法として、ＣＣライセンスの４項目（表示、継承、非営利、改変禁止）を準用した要件を推奨することにしました。つまり、ＣＣライセンスをそのまま用いるのではなく、ＣＣライセンスと同様の「表示」、「継承」、「非営利」、「改変禁止」を利用条件として利用規約に記載することを提案しています。ただし次節で述べるように、本家のＣＣライセンスにはない注意書きも付け加えることになりました。

「ずれ」４　データにとって「改変」とは何か

小委員会でＣＣライセンスに相当する利用条件について検討した際、「改変禁止」の解釈が著作物とデータで異なるのではないかと議論になりました。前述のアンケート調査では研究データの利用条件として、「改変禁止」を求める回答者が多くみられました。研究者がデータの改ざんや悪用を懸念するのは、当然のことだと考えられます。

しかし、研究データを利用する際に「改変しない」ということは、ほとんどありえないのではないでしょうか。たとえば、画像データの一部を切り取って使用する、カラー画像を白黒にする、数値データを集計する、といった行為は改変にあたりますが、これらを禁止すると、ほとんどのデータは利用できなくなってしまいます。一方、データ公開者が危惧するのは、第三者が改変したデータを公開することだと思われます。あるいは、データの改ざんや悪用を懸念しているのかもしれません。ここに改変に対するデータ公開者と再利用者の「ずれ」が生じていると考えられます。

このずれを解消するために、ガイドラインでは「改変禁止」の説明を「元データを改変した場合、改変されたデータの公開は禁じられる」としました。また、注意書きとして「第三者が取得したデータは、観察や鑑賞、閲覧だけを行う場合を除いて、再利用の過程で改変されることが一般的であると考えられます。第三者が改変したデータを公開することを禁止したい場合や、特別に禁止したい改変方法がある場合は、それを明示しましょう」と書き添えました。さらに、利用規約の記載例として「本データを改変した場合には、その手順を何らかの手段で明記してください」という文章を載せました。どのように改変したのかがわかれば、データ公開者にとっても、改変して公開されたデータをさらに再利用する第三者（第四者？）にとっても有益だと考えられるからです。

図２　研究データの公開・利用条件を指定するための５つの質問

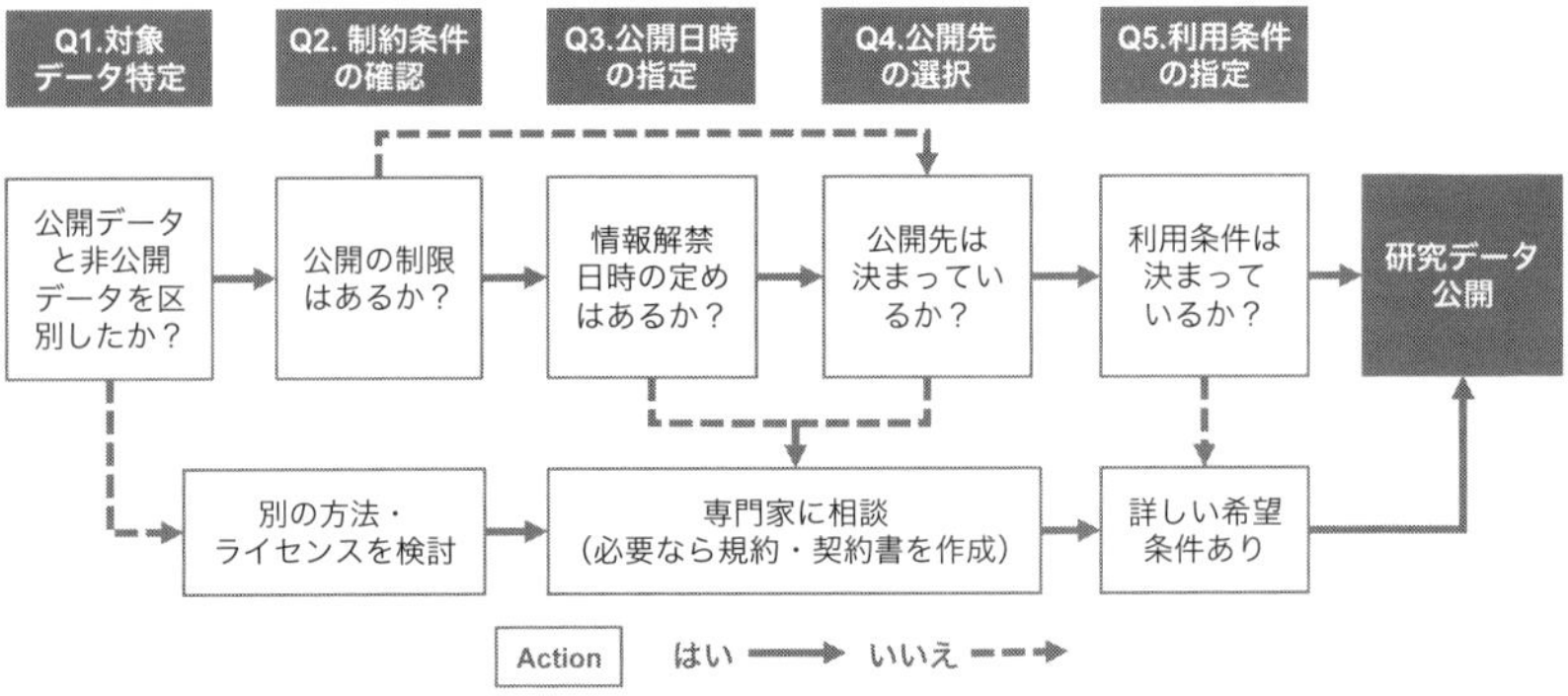

※ポリシー制定機関による個別の定めがある場合は、定めがない部分のみを検討

出典：「研究データ利活用協議会」研究データの公開・利用条件指定ガイドラインによる

「ずれ」５ 利用条件の期限

もう一点、著作物とデータの違いによる重要な論点としてライセンスの期限について議論しました。２０２０年現在、日本の著作権法では著作権の保護期間は著作者の死後70年、または公表後70年存続します（著作権法第51条から第58条）。言い換えれば、著作物は70年経過すれば、誰もが自由に利用することが可能となります。

しかし、著作権法の対象ではないデータの場合、規約で保護期間を定めておかない限り利用条件が永久に存続してしまうと考えられます。これは意外な盲点でした。ガイドラインは五つの質問に沿ってステップを進めることで、データの公開者が求める利用条件と公開先を指定でいるよう構成したのですが、この点は長期的なデータの利活用を実現するために特に注意が必要であると考え、３番目に「公開制約条件の解除」というステップを設けることにしました（図２）。データの公開者はこの段階で「いつから」データを公開するか、

「いつまで」利用条件を課すのかを考えることができます。

ガイドラインの完成と展望

本章では、研究データを公開する際の利用条件に関する「ずれ」を軽減するためのガイドラインの作成過程について述べてきました。ウェビナーでの議論も含め、さまざまな場所で対話を繰り返すことによって、ついにガイドラインが完成し、２０２０年2月にＲＤＵＦのウェブサイトで公開しました。当初、１年半で公開までこぎつける予定でしたが、実際には2年4か月を要しました。また、ガイドラインはできるだけコンパクトにまとめるつもりでしたが、本編32ページ、用語集7ページと結構なボリュームになりました。分野を超えた汎用性のあるものをと考えると、どうしても長期にわたる議論と丁寧な説明が必要だったのだと思います。

「ガイドライン」の公開以降、小委員会の活動はアウトリーチが中心となっています。しかし、公開されたデータが分野を超えて使われることによって、また新たな「ずれ」が生じるだろうということは十分に予想されます。その際には、オープンチームサイエンスによる自己点検項目、すなわち千客万来の精神、プロセスの可視化、対話による信頼の醸成、視点の転換などを取り入れつつ、ガイドラインの改定を行っていきたいと考えています。

5章　デジタル地図のオープン性・政治性・倫理性

瀬戸　寿一
西村雄一郎

要点　地図情報のクラウドソーシングが、草の根から世界を変えていく。その障壁をどう乗り越えるか。

皆さんが研究や観察で現地調査に出かける場合、あるいは日常生活や旅行でどこかに出かける際に、多くの方はスマートフォンを持参し、かなりの頻度でウェブ地図（以下、デジタル地図）を利用するシーンが増えてきていると思います。本書の主題である環境問題においても、デジタル地図は防災や環境モニタリングを行う上で欠かせないツールになっており、例えば詳細な雨雲レーダーを地図上に読み出すお天気アプリや、避難所等を簡単に表示できる防災アプリなどで利用されるようになってきました。

ところで、デジタル地図といえば何でしょう。どういうサービスを思いつくでしょうか？　多くの方はスマートフォンに標準で搭載されている地図アプリとして「グーグルマップ」や「アップルマップ（iOS版のマップ）」を思い浮かべると思います。また、旅行に出かける際には、ホテル検索アプリや飲食店アプリを介して滞在する地域に点在するスポットを検索し、予約することは多くの方がすでに経験されたのではないでしょうか？

さらに、ソーシャルネットワークサービス（SNS）をよく利用される方であれば、フェイスブックやインスタグラムなどに代表されるアプリケーションの中で、「チェックイン」機能と呼ばれるような地名を選択する機能を介して、わたし自身がどこに行ったのかを友人に共有（シェア）する方もいると思います。これらの行為は、直接デジタル地図上をなぞって共有するものではありませんが、デジタル地図の要素（コンテンツ）として、住所や地名といった情報が非常に重要であることを示唆しています。

自由なデジタル地図としての「オープンストリートマップ」

ところで、グーグルマップを例にあげると、研究を含めたあらゆる場面で「オープン（自由）に」利用可能なサービスといえるのでしょうか？　現在、多くのデジタル地図は無料で利用可能ではありますが、民間企業で運用されているものが多く、それぞれに細かな利用規約が存在することは意外と知られていません。実際に、グーグルマップにも利用規約は細かく設定されており、再配布やコンテンツの大量のダウンロード、さらには第三者の製品やサービスで利用することも禁止され、用途によって注意が必要です。

そこで、あらゆる用途で利用可能なデジタル地図はないだろうかということで、筆者らがかねてから、

図　オープンストリートマップの地図データ

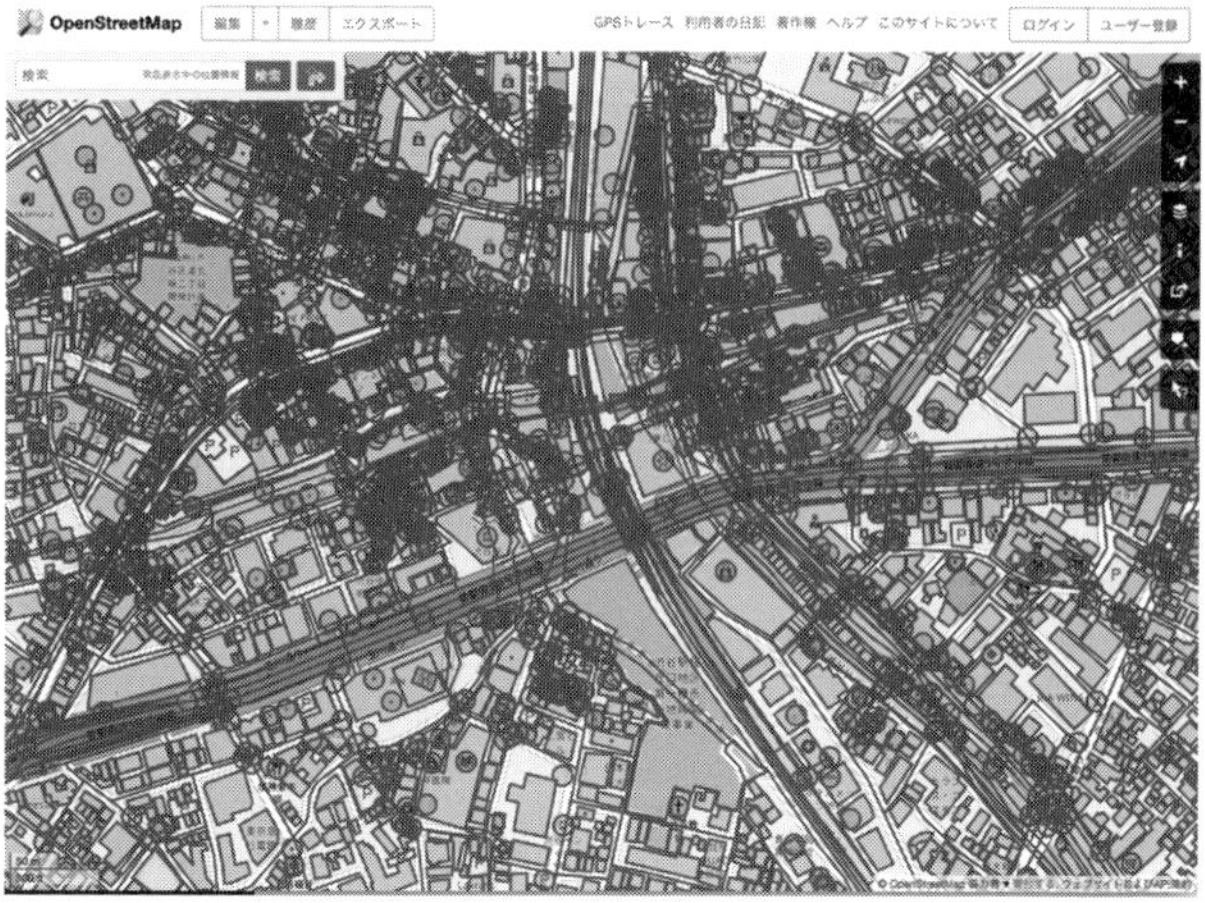

（渋谷周辺のデータを表示したもの）©OpenStreetMap Contributers

研究・実践的に活動するひとつに、オープンストリートマップ（OpenStreetMap：ＯＳＭ）という世界的な取り組みがあげられます（図）。これは２００４年にイギリスで開始されたプロジェクトです。また、２０２０年10月時点で、全世界に累計７００万以上のＯＳＭデータを作成するためのアカウントが登録され、基本的にはインターネットを介してデジタル地図を共同で作成・整備するクラウドソーシング型の活動です。このプロジェクトの最大の特徴は、ビジネスや研究、ＮＰＯやＮＧＯといった非営利型の市民活動にも使える自由なライセンスでデジタル地図の基礎となる空間データが全世界統一のフォーマットで作られており、過去のアーカイブデータを含め広く公開され誰でも利用できます。

自由に利用可能なデジタル地図がないといけない理由？

では次の疑問として、どのデジタル地図アプリケーションを使っても公共施設や大型のランドマークは同じ場所に建物があれば、どの地図も同じではないのか？という点が思い浮かぶと思います。その際に思い出していただきたいのが、各サービスの定める利用規約やライセンスに関する記述です。多くのデジタル地図には、さまざまな地図を供給する民間企業がいます。例えば、日本ではゼンリンや昭文社など地図調整業と呼ばれる業種の地図会社が長い歴史を持っており、ローカルで細かな情報の収集を含めて販売する一つのビジネス形態となっています。これら民間の地図会社のコンテンツが、他方で自由に複製されてしまうと、地図そのものの更新を含めてビジネスとして立ち行かなくなる危険性もあります。そこで、一定の個人的な用途での利用は担保しつつも、完全に自由なライセンスにするには相応の費用や制限が加えられていることが多いです。それに対して、OSMの場合は、活動に賛同するOSMの貢献者によって作成されているため、自由にデータを加工し再利用できる存在となっています。

この背景として、当時イギリス国内では政府機関の英国陸地測量部が一部デジタル地図を提供していたものの、ビジネスや社会的活動などで自由なライセンスで使えるデータがありませんでした。また、世界を見渡すとアフリカなどでは現地の地図が容易に入手できない例があることや、そもそも地図を作成していない地域も多いことも契機となりました。

自由なデジタル地図+クラウドソーシング=「ボランタリー地理情報」?

グーグルマップが2004年から世界的にウェブ地図サービスを開始し、API(アプリケーション・プログラミング・インターフェイスの略で、ソフトウェアの機能やデータを外部の他のプログラムから呼び出して利用する規格)で配信されていた点が非常に画期的でしたが、初期段階では必ずしも全世界で均質の地図データが存在していませんでした。この頃、地理学や地理情報科学の分野では、先ほどの述べたＯＳＭを代表事例として、ウェブ上で住所や地名などの地理空間情報を集める取り組みや、都市の中では様々なセンサーを使って、例えば大気汚染を観測しウェブ地図上にマッピングする、シチズンサイエンスに相当する地図化プロジェクトが盛り上がり始めた時期に相当します。

このように安価で手軽に始められる機器やインターネット技術の普及に伴い、広い意味で地理情報が自発的にユーザーから提供され、ウェブ上に膨大に蓄積され、ＡＰＩなどを通じて二次利用可能なデータを「ボランタリー地理情報（ＶＧＩ）」と言います。

ＶＧＩの概念は、２００７年にカリフォルニア大学サンタバーバラ校の地理学者で、これまで多数の地理情報科学に関する論文を発表しているマイケル・フランク・グッドチャイルドが提唱しました。それ以来、一気にこういった情報や取り組みがあるという認識が地理学を超えて進みました。ＶＧＩの興味深い点は、ＯＳＭの取り組みに代表されるように、明確に特定できるような調査目的や集めるデータの要素や対象地域が必ずしも定まっていないことです。つまり参加する人々にとっての目標が一つとは限らず多様であることや、地図を作成する活動であるにも関わらず参加者の所在地や居住地もバラバラです。

本書でも数多くの執筆者が取り上げているシチズンサイエンス、つまり市民が参加する科学の場合は、研究者側の調査目的や対象となるフィールドなど、何かしらの意図がはたらくことがあるので、情報を収集する側のボランティアや一般市民の側からすると自発的ではないかもしれないケースも有りえます。それに対してＶＧＩに共通するデータや取り組みでは、単純に興味であるとか、好きが講じて始めても、データをまとめる基盤やデジタル地図が共通項になることで集約されます。

一方で、趣味や興味によって蓄積されるＶＧＩだけでなく、例えばグッドチャイルドの論文では、毎年のように発生するカリフォルニアの山火事における自発的な地図化の取り組みや、２０１２年秋に発生したハリケーン・カトリーナで地理情報を使って安否確認を行い、デジタル地図上に集約する例が取り上げられています。これらは、自然災害の発生など、現実世界の中で局地的に困難な状況にある際に、また、現地でインターネットや携帯電話も使えないときでも、現地の被害状況や支援情報といった危機（クライシス）に関する情報を共有するもので、ＶＧＩが大きく広まっている契機でもあるようです。

地図のクラウドソーシングをめぐる政治性・倫理性

身近な地域のデジタル地図データを作成・共有するプロジェクトとして始まったＯＳＭは、グローバルに日々情報が更新されていくことで、社会的・政治的影響を及ぼす側面もあります。政治的影響に関して、地図がベースになると代表的には国の境界線や地名が挙げられます。また、細かな土地利用に関する情報も、領土を管理する立場から考えると重要な政治課題であるといえます。あるいは軍用基地や、大使館など政治的に重要な施設の地図が詳細になるほどその意味合いは多様化します。

ＯＳＭでは、現地の現状の状態を優先するというルールを採用しているほか、地理情報に対して複数の属性値（タグ）を入力できるため、例えば、一般名称と現地での伝統的な読み方、などの情報を同時に扱うことができます。他方、誰でも自由に編集できるという状況は、ウィキペディア等のクラウドソーシング型プロジェクトでも同様に起こっている問題として、いたずらによる書き換えはもちろん、政治的な主張の場として多数の人によって書き換えられ、編集合戦のような事態も起こることがあります。

このようなデータ破壊行為について、ＯＳＭでは一般的なガイドラインを定めているほか、調停役の第三者による「リバート」と呼ばれるデータの復元が行われます。また大規模な事象の場合は、ＯＳＭファウンデーションの「データ・ワーキング・グループ」が、介入や仲裁、程度によっては対象アカウントへの警告やアカウント停止などの措置が実施されます。なお、ＯＳＭでは、入力や編集の履歴がすべて記録され、これらも膨大なデジタルアーカイブとして蓄積されているため、透明性を一定有した上で、編集合戦の履歴やリバートを追うことが可能になることも大きな特徴です。

ＯＳＭ以外にも、実際に政治運動とかかわって、ＶＧＩが活用された事例もあります。例えば、ウシャヒディというオープンソースのプラットフォームがあります。これは２００７年に起こったケニア大統領選挙後の暴力行為や事件を広く共有するために始まったプロジェクトで、ツイッターなどのさまざまなソーシャルメディアや個人の口コミの情報をデジタル地図上に即座に共有し、デジタル型の市民ジャーナリズムに繋がる流れを作り出しました。

市民参加とデジタル地図

ここで時間軸を少し巻き戻すと、地理学や地理情報科学では、１９９０年代前半ぐらいから市民参加の中で、地理情報システム（ＧＩＳ）やデジタル地図が、どのように活用されるべきかという議論がありました。当時は深刻化する都市問題や都市計画に適応するために、「市民参加型ＧＩＳ（ＰＰＧＩＳ）」といった流れも議論されましたが、後にＯＳＭのようなウェブを通じたクラウドソーシング的な活動の台頭により、都市に限られた問題ではなく、当然グローバルな問題として捉えていくべきだという流れに変わっていきます。

その上でむしろ都市だけが、なぜＰＰＧＩＳの対象になるのか、英語圏で議論されているような都市型の市民だけが対象ではなく、これまで市民参加に取り残された人々を支援するツールとなるべきといった批判も起こりました。１９９０年代前半まではＰＰＧＩＳと呼ばれていましたが、現在では欧米型の市民のイメージを払拭する意味でも敢えて、パブリックというキーワードを取り、「参加型ＧＩＳ（ＰＧＩＳ）」という用語を使い、例えば、多数の異なる先住民が関わる地域の土地利用管理に地理情報技術やデジタル地図を介在させ、合意形成をどのように築くかといった手法などが研究されています。

ポジティブ・クラウドソーシング

このようなデジタル地図分野における市民参加をめぐる転換・転回が背景として起こりつつ、研究面でもＯＳＭのデータを使ったＶＧＩ研究が、２０００年代後半から徐々に出版されるようになってきました。例えば、ＯＳＭの全世界のデータを使って、全世界の道路のカバー率から貧困地域や生態系が保全されてない地域を明らかにする研究などが代表例です。

これは統一的なフォーマットで入手可能な自由なライセンスの全球データがあることを活かして、『サイエンス』など大手の科学誌に掲載される事例も増えてきました。つまり、ＯＳＭデータが科学研究のリソースとして十分であると研究者にも認識され始めました。もちろん、ＯＳＭが世界的に普及し始めているとはいえ、見渡せば道路や土地利用のデータがほとんど空白である地域も一定残っている可能性があります。ただ、全世界共通のデータベースとして自由に入手できるデータは、ＯＳＭ以外には現状ではありえません。他方、自由に利用できるライセンスであることからも、ビジネス目的にも広く使うこともできるため、デジタル地図を使うさまざまなサービスにおいて、代表例としてはマイクロソフト社やフェイスブック社なども利用している例が２０１０年代以降急増しました。

ＯＳＭは、デジタル地図の元となるデータを作りたい、作らないといけない必要性といった、自発性や人々の善意を活動の重要な資源としていますが、例えば大規模な災害が発生した場合、現地の情報が得られない場合でもＯＳＭで利用可能な衛星画像や航空写真などを参照することで、ほぼリアルタイムに地図を作る「クライシスマッピング」と呼ばれるような特化した活動も存在します。

この活動は、発災時だけのタイミングで行われるわけでは必ずしもなく、例えばマラリアなど疫病の発生している地域での活動では、建物や生活施設に関わるデータを現地に詳しい専門家とＯＳＭのデータ作成者が協力してできるだけ精密に描いていくことで、フィールドでの活動を支援することや、次の段階として、この地域にはどのくらいの数の建物があるから、予防という観点では、どのくらい蚊帳を配給すればいいという試算をバーチャルに行うこともできます。

このような状況下では、データのあるところとないところの差が如実に出るものの、グローバルに見た場合に、デジタル地図が存在しないというギャップ・不平等をいかにして埋めるかという際に、ＯＳＭの場合は積極的に活動していこうというモチベーションを発揮し、データの質を向上させるための活動やキャンペーンを行うことが多々あります。私達はこのような活動の形態について、またＯＳＭ自体がクラウドソーシングによって膨大に生み出された履歴（ログ）についても自由なライセンスを適用していることを併せて「ポジティブ・クラウドソーシング」型の活動と仮に呼んでいます。

デジタル地図をめぐるもう一つの側面

日本のデジタル地図に現在起こっているもう一つの側面として、２０１９年3月にグーグルマップが大幅に変わったことが報じられました。これは、当時報道番組でも取り上げられたのでご存じの方もいると思います。具体的には日本のグーグルマップのデータとして長らく利用されてきた、ゼンリンのデータをやめるシステム上の大きな変更を行いました。突如として変更されたこともあり、更新された直後は「グーグルマップが劣化した」などとも言われ、間違いがひどいなどの声もあがりました。

この理由は、グーグルマップの地図の作り方が根本的に変わったからです。これまで日本のグーグルマップにデータ供給を行ってきたゼンリンの地図は、基本的に調査員が一軒一軒、フィールドワークを行い表札や建物の更新情報を集める作業をしていました。そのデータが前提になっているものをやめ、グーグル日本法人の説明によれば「ストリートビュー画像、交通機関を含む信頼のおける第三者機関から提供される情報、最新の機械学習技術、地域のユーザーの方々からのフィードバックなどを活用し、新しい地図を開発」というかたちに変わりました。地図の間違いの大きな要素の一つが、最新の深層学習技術、すなわち、ディープラーニングでデータを作ったものの、結果として誤りを含むデータが多数地図に残ってしまったことにあります。ネットユーザーから報告された事例では、例えば衛星画像の山の日陰のところを湖と誤認識することや、道がないところに道ができてしまうなどです。これらの間違いについて日本のユーザーは、グーグルマップの「フィードバックの送信」に間違っていると、ある種、地図へのクレームにも近いような多数の投稿につながりました。

これらの投稿に対して、グーグルがどのようなアルゴリズムか明らかではないものの、衛星画像から日陰を湖として認識していたところを、任意のタイミングで変えることを通して徐々に地図が改善されました。ただし、実際に間違いを指摘したユーザーはもちろん、どの場所でどのように更新されたかは開示されません。このようなクラウドソーシング、すなわちクレームに近い動機に基づき、かつクラウドソーシング後の結果が不透明であるという活動が起こり始めており、それを私達は前段のポジティブ・クラウドソーシングとの対比を兼ねて「ネガティブ・クラウドソーシング」と位置づけています。

日本人の文化的特性かもしれませんが、地図は絶対的に正しいもの、あるいは常に正確なものだという認識が少なからずあると思っており、かつてのアップルマップの公開時と同様に、今回のグーグルマップについても、新しい地図が公開されるや否や、あら捜しが始まり、間違っているとクレームとして投稿し、手作業で直すだけでなく、アルゴリズムが精緻化してくるというような関係が機械学習やＡＩなどの進展とともに出てきつつあるように思います。そういった点が、クラウドソース型のデジタル地図として、自発的・善意だった頃からは、大きな質的な変化をもたらすようになるのではないかと考えています。

デジタル地図とＡＩ技術によるマッピングをめぐって

善意で世の中を変えたいと思ってデータを作る。そこには、これは間違っているという批判的な負の感情に基づくデータも入ってくる一方で、グーグルの事例ではクレーム対応のように形式的な謝罪をするのではなく、該当のデータも教師データとして蓄積する。逆に言えば、当初負であった感情が巡り巡って世界のデジタル地図を結果としては改善するという言い方もできます。ここには、間違っていると思う感情も、その間違いを指摘することも「センサー」の一つであり、倫理性は介在しない（させない）という考え方もあるかもしれません。

これはグーグルマップのような民間企業でのデジタル地図作成の現場のみならず、ＯＳＭにおいても近年では、自由なライセンスであるがゆえに活用を積極的に進めたい民間企業が、ＡＩ技術を駆使した自動マッピング手法を開発する技術提案を行いました。さらに、あまりＯＳＭデータが整備されていない地域や更新頻度が低い地域などで、一般的にはデータ品質の向上を目的としたコーポレート編集、すなわち企業アカウントやその関係者による大規模な組織的マッピング活動も行われ、ＯＳＭコミュニティ内で様々な議論があります。

このようにデータの大規模化やＡＩ技術の進歩に伴い、大規模かつ短時間でデジタル地図を生成できる技術的革新の他方で、クラウドソーシング型デジタル地図をめぐっては、ディストピアの世界に入ってきているという指摘もできるかもしれません。確かに最新技術を駆使して作成されたデジタル地図は、ボランタリー地理情報のように、人々が善意で入力するデータよりも高精度・短時間でデータを整備することが可能になりました。また、デジタル地図作成のために開発したプログラムやアルゴリズム・教師学習の完成度も高くなってきていることも事実で、だからこそグーグルマップの地図作成方法が変わるなど、大々的にリリースされるのでしょう。他方、人の目や手を一切介在せず作成されたデジタル地図と現実世界の地理的状況を比較すると、現時点では多くの間違いが実際には発生し、いつ・どのタイミングでデータが改善されるか、分からないという状況も起こるようになってしまいました。このように、クラウドソーシング型の活動において、人が直接介在しない、あるいは透明性が低い活動が進む場合、大きな課題であると言えます。

デジタル地図が「ひらかれて」いること

本稿を締めくくるにあたって、もう一度、OSMの事例に戻ってデジタル地図分野におけるクラウドソーシングについて指摘しておきたいと思います。OSMは、自由なライセンスであることと同時に、データの作成過程自体についても基本的にはひらかれています。さらに、活動のログ自体も自由なライセンスとしてアーカイブを入手できる点、さらにはデジタル地図を描くという技術的な活動でもあることから、入門者用のマニュアルやドキュメントが非常に多く蓄積されてきました。また、OSMの参加者間の交流や初心者の入門の場、さらには技術的支援を行うための「マッピングパーティ」という取り組みも全世界で様々なレベルで行われており、コロナ禍以前からオンラインでの共同編集イベント（マッパソンとも呼ばれています）を行ってきた経験があります。これらの活動を基底する背景には、オープンソースソフトウェア開発者が多く参加してきたこともあり、単にデータだけが「自由」であるのみならず、活動自体を「ひらかれた」ものにすることを最重視している点があげられます。

地図は多くの人々の日常に関わるゆえに、常に正しく、また正確でなければならないと考えられる反面、現実世界の状況を振り返ると、土地利用の状況など目まぐるしく変化しています。また、地図には限られた要素のみが表現できるため、あらゆるニーズに沿った地図を専門家や限られた企業・団体のみで更新し続けることは容易ではありません。そのような意味で、デジタル地図をつくる活動自体がひらかれ、地域を理解する上で共通の知識基盤になると同時に、みんなで創り上げられることがますます期待されます。

6章　話し合いの場でグラフィックレコーディングの効果を調べる

清水　淳子
中島健一郎

要点　話しても分かり合えないことは、絵図を使えば分かり合えるのか。デザイン学と心理学の研究者が共同で挑む。

執筆者の清水はグラフィックレコーダーとして活動しつつ、グラフィックレコーディング（グラレコ）がもたらす意味を探求しています。グラレコとは、人々が何かについて話し合う際に生まれる発話を、図や文字や絵を組み合わせたグラフィックによって、一枚の大きな紙に描き出す手法です。オンラインでの話し合いの場合は、タブレットを用いてＺｏｏｍの画面共有で見せるデジタルでのグラレコもあります。描いたビジュアルはグラフィックレコードと呼ばれ、グラフィックレコードを描く人のことはグラフィックレコーダーまたはグラフィッカーと呼ばれます。この章では、私が２０１９年に日本デザイン学会で口頭発表した『話し合いの中でグラフィックレコーディングがもたらす視点の意味』の内容を解説しながら、本研究に至った流れを紹介します。

広がってしまう負の空気

グラレコを依頼してくる人々は、シンポジウムの運営者、組織を率いるリーダー、企業の企画担当、市民コミュニティのメンバーなど、多岐にわたりますが、ある共通点があります。それは、多様な人々が集い何か新しいモノゴトを生み出すための話し合いの場で困っていたり、不安を抱えていたりするということです。専門家や実践者や生活者など、多様な人々が集う場では、参加者の中で新しいモノゴトのアイディアが生まれる可能性は高まります。ですが、同時に参加者それぞれの立場・経験・目的・想いの違いから、多様な価値観や枠組みも同時に集まってきます。そういった違いが集まる場では、残念ながら衝突や沈黙が巻き起こることも少なくありません。

このとき、参加者はそれぞれの持っている立場や役割に囚われて、なかなか本音を話せず、自分を守るために固く口を閉ざし、ぶつかっても良いように本当の姿を隠すための硬い殻を身に纏ってしまいます。その姿はまるで貝のようです。私はこのような状態になっている参加者が多くいる話し合いを「シェルモード」と名付けました。（図）

参加者がシェルモードになった話し合いは、ときにそれぞれの心を傷つけ、下手したら二度と会いたく

図　シェルモード（左）とリボーダーモード（右）

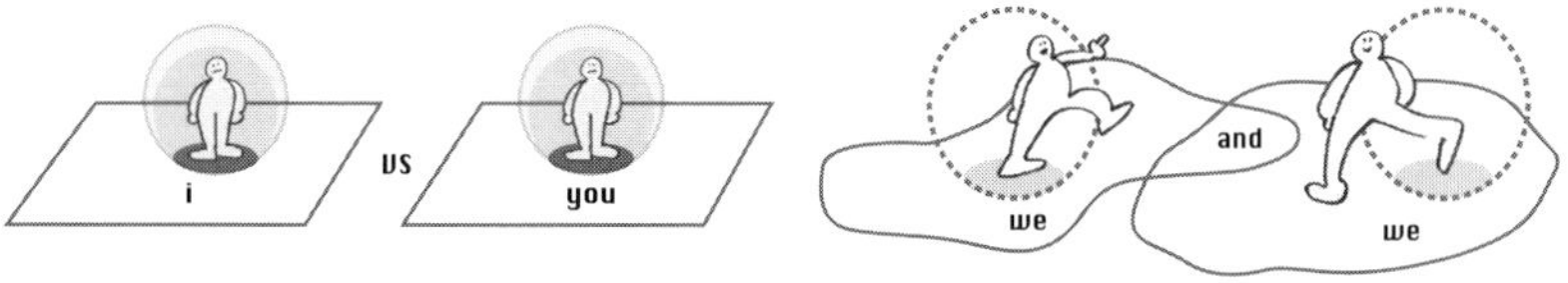

Shell mode

参加者がそれぞれ既存の関係性から生まれる思考に囚われて、
閉ざされてる状態
議論の衝突や沈黙が起きやすい

Reborder mode

参加者がそれぞれ主体性を持って、
既存の思考や関係性の境界線を引き直そうとする状態
創造的な対話が生まれやすい

ないと感じて別れるプロジェクトになってしまいます。解散ならまだしも、シェルモードのまま、表面上は和やかに形式的な話し合いが進んでしまうと、誰も納得のいかないプランが誕生してしまうこともあります。多くの人々が関わるような大きなプランの場合、その虚しさは意思決定を行うメンバーのいる会議室だけでなく、部屋の外にいるプランを実行するメンバーへと引き継がれ、負の空気はどんどん広がり、今度は心だけでなく、有限な予算や時間を削っていくことになります。２００９年、私はシェルモードな話し合いによって生まれたと思われる、あるプランを実行する若手のアシスタントデザイナーでした。上手くいかない話し合いで生まれたプランは方向性が定まらず、実行に時間がかかるわりに良い結果が得られないことで当時の私を苦しめました。この経験から私は、シェルモードな話し合いが作り出すネガティブな影響に疑問を持ち、２０１３年からグラフィッカーを名乗り、多様な人々が集い何か新しい「モノゴト」を生み出すための話し合いを滑らかにするためにグラレコを実践してきました。

シェルモードを変化させるために何を行っているのか？

話し合いを円滑にするためのグラレコで行うことは、主に三つです。まずは、生まれた発話をリアルタイムで図や文字を組み合わせながら描き出します。次に、ビジュアライズした発話がある程度溜まったら、何度かボードをみて話し合いの振り返りを促します。話し合いが終わった時には、ボードの前に移動して肩を並べながらビジュアルを指さしながら対話する時間を設けます。目に見える行動としてはとてもシンプルです。しかし不思議なことに、このシンプルな行動で、多様なメンバーが集まる話し合いは驚くほど上手くいくようになりました。例として、多くの場で次の現象が見て取れました。

グラレコを行うことで生まれた変化――

①「何を言っているか」より「誰が言っているか」を気にしてしまいがちな状態
発言者と発言をグラフィックで切り離すことで、発言できるようになります。

②自分と相手の違いに苛立ち、納得してもらうかどうかという「勝ち負け」が目的になってしまう状態
それぞれの違いを整理することで相手の考えを前向きに理解するようになります。

③確認したいことがあっても、場の雰囲気に押されて発言できなくなってしまう状態
グラフィックに対して質問や指摘をすることで、発言しやすくなります。

シェルモードだった話し合いはグラレコをツールとして取り入れることで、確実に変化しました。参加者の態度が作る話し合いの様子は、お互いの間にある境界線をそれぞれが描き直そうとする空間のようでした。私はこのような状態になっている参加者が多くいる話し合いを「リボーダーモード」と名付けました。

た。（図）

リボーダーモードとは、境界線が無くなるほどに、無防備に分かり合えることはないが、強固に引いていた濃い太い線を少しだけ薄く細く描き直したりすることで、今までとは違う関係性を築こうとしている状態を意味します。これは超学際理論でいうところの「へだたりを超えてつながる」ことに対応します。リボーダーモードに変化すると創造的な対話が生まれます。これは一体なぜでしょうか？　私は、グラレコがなぜこのような変化を巻き起こすのかを探求することにしました。

探求の方法と課題

探求の方法として、筆者（清水）自身のグラレコの実践を自ら考察することから始めることにしました。まず、研究題材として、筆者が２０１３年から参加したシェルモードの話し合いの場で効果的だったと感じたグラフィッカーの行動を洗い出しました。同時に、参加者の態度や振る舞いの変化や参加者のコメント、感想に着目しながら、その行動の意味を探りました。その上で参加者にどのような変化が起きているのかを洞察しました。

これらの探索や洞察から「行動」「視点」「体験」「変化」について、次のことが言えるのではないかと考えました。まず、「行動」について、グラフィッカーはシェルモードの話し合いの場で五つの行動をしています。

五つの行動——
①その場で生成される散り散りの情報を包み隠さず残していく場をつくる。
②様々な論点の発話を聞き分け、適切に分類し、グラフィックによって整理・表現する。
③話し合いのスピードに合わせ、リアルイムで描き出した内容を全員に開示し続ける。
④完璧な正解ではなく、ゆらぎや解釈の余地がある未完成なものとしてグラフィックを共有する。
⑤作品ではなく、参加者がその場の勢いで自由に使えるツールとしてグラフィックを提供する。

次に「視点」についてです。グラフィッカーの五つの行動は話し合いの場に五つの視点を提供します。

五つの視点——
①全員で平等に全体像を俯瞰する視点
②自分と相手の思考の接点と重なりを発見する視点
③自分の発言や場で起きたことを連続的に振り返る視点
④描かれたものと自分のイメージとのズレを認識する視点
⑤話し合いのプロセスを辿りながらお互いの内面を覗き込む視点

そして、この五つの視点が連続的に立ち上がることで、四つの体験を場にもたらします。

四つの体験――
①場に生まれた全ての視点について、グラフィックの中で移動する体験
②自分と人の差異を楽しむ体験
③違和感を感じ取り、自分の体で解釈を補完する体験
④本当に言いたかったことについて、グラフィックを介して伝え合う体験

さらに、この四つの体験が三つの変化をもたらします。

三つの変化――
①対個人の感情から、対議論の思考へ
②差異への苛立ちから、広さ多様さの理解へ
③主張することへの遠慮から、発言することへの自信へ

私は、自分自身の実践を振り返り整理した結果、シェルモードをリボーダーモードに変化させるためには、グラフィッカーが行う五つの行動が場に提示する五つの視点が鍵となると考えました。しかし、観測された体験や変化は、いま述べてきたように私の経験を振り返り記述されたものです。明確で客観的なも

の、裏づけがあるわけではありません。そこで、「行動」から「変化」に至る、これらの仮説を裏づけるためには、どのような研究が必要になるかを考えることにしました。

実践での発見を裏づけるための調査方法の検討

探求のためには、シェルモードになっている話し合いの場が必要だと考えました。しかしシェルモードであればあるほど、その現場は探究や実践から「何か」を発見する余裕などないことが多いです。多くの現場でグラレコを行う一方、その現場を研究のために活用したいとは言いにくい状況があります。

その中で、編者の近藤さんより共同研究のお誘いをいただきました。オープンチームサイエンスの一環としての共同研究です。市民や専門家や行政のメンバーが集い、琵琶湖の環境問題について話し合う場でグラレコを取り入れたところ、とても話し合いがうまくいった経験から、話し合いの中でビジュアライズを行うことについての研究を始めたいとのことでした。この本の他の章で書かれている通り、環境問題について皆で話し合い、解決に繋げることは本当に難しいことです。それぞれの価値観や立場はもちろん、熱意だけでは乗り越えられないさまざまな現実の壁があります。グラレコが入ることで、サポートもできるだろうし、新たな課題と向き合う場ともなる良いステージだと感じ、共同研究に参加することにしました。

さらに、この章の共著者であり、共同研究者でもある中島さんと、心理学の研究としての観点から、どのような点に気をつけるべきかを共有しました。そして琵琶湖の環境問題について話し合う場がシェルモードからリボーダーモードに変化したのかどうかを調べるためのアンケートを作成しました。今回は手始めに「グラフィッカーが行う五つの行動が場に提示する五つの視点が連鎖することで、四つの体験と三つの前向きな関係性の変化を引き起こしている」という仮説への示唆を得るためのアンケートを作成しました。調査手順は次の通りです。

調査手順――
①話し合いの企画を立て参加者を募集する。
②各グループの雰囲気が可能な範囲で均等になるように企画・運営側でグループ分けを行う。
③グラフィッカーが入るグループと入らないグループを作る。
④当日、話し合いを行う。
⑤話し合い終了後に参加者にアンケートへの回答をお願いする。
⑥アンケートの結果について共同研究のメンバーで議論する。

このアンケート調査は、仮説についての直接的な検証を行うというよりは、まずは生きた話し合いの場にグラレコが入ることで何が生じるのか、どのようなことが起きるのかを知ることを目的としたものでした。グラレコの効果検証を目的に掲げてはいましたが、グラレコを研究対象とし、それにアプローチする方法を見つけるため、というのが位置づけとしては正確だと思います。そして、私としては、シェルモードとリボーダーモードを、私が専門としているデザイン学だけでなく、心理学をはじめ異なる研究領域の視点から覗くとどのような発見があるのかを知る「入り口」作りのための調査でもありました。

アンケートを作成する過程で、私が考えていた仮説に含まれた「言葉」や「思い」を、心理学の観点からアンケート項目に変換するとこのように変わるのか、という気づきを得ることもできました。ただし、中島さんによれば、この項目内容もまだ議論の余地があり、発展途上とのことでした。項目ひとつを作成するのにも専門知識やスキルが必要なことを実感しました。

アンケート結果を振り返り見えてきた研究方法への課題

話し合いに参加した方のアンケートの回答を数値化し、グラレコが入ったグループとグラレコが入らなかったグループとの間に、回答パターンにどのような違いがあるかを比較しました。その中で「いつもなら言わないような感情や考えを語ることができた」や「他の参加者の肩書や立場や年齢が気にならなくなった」という質問項目に対して、グラレコが入ったグループの参加者の方が、「そう思う」よりも「どちらとも言えない」寄りの回答をすることが分かりました。この結果は、私が実践を振り返り、洞察したことから得られた仮説に反するものでした。当日参加したグラフィッカー含めた共同研究のメンバーで、この結果をそのまま受け取る前に、私たちは調査方法の妥当性について議論しながら、研究上の課題について話し合いました。以降には、話し合いによって洗い出された「揺らぎ」の要素をあげています。

1．グループ編成による影響

各グループの関係性が全て同じとは言い難かったです。また、企画・運営者が入っているグループ、司会がうまい人が入っているグループなど、元々話し合いがしやすい状況にあったグループもありました。さらに参加者の話し合いのテーマに関するスタンスやビジョンにもバラつきがありました。これらの影響が、今回の場では大きかったことがアンケート結果からも推測できました。

2．認知特性の違いによる影響　認知特性とは、外界からの情報を頭の中で理解したり、記憶したり、表現したりする方法を意味します（本田真美『医師の作った「頭のよさ」テスト』光文社、2012年）。言葉を図解や絵を組み合わせて記述するグラフィックは視覚優位者には理解を助けるツールになりますが、聴覚優位者にとっては一度聞いて理解できていることを視覚的に再解読する必要があり、グラフィックが話し合いという場の理解におけるノイズになったかもしれません。

3．不慣れな会議形式であることの影響　会議を行う際に、グラフィッカーがいること自体が珍しくて注目してしまったり、自分の発言がビジュアライズされることに対して緊張してしまい、参加者がグラフィックをうまく使いこなせなかったりする可能性もあります。例えば会議の場にビデオが入り、撮影されるとうまく話せない人も少なくないでしょう。それと同じで不慣れな記録ツールが参加者に圧迫感を与えたかもしれません。

4．グラフィッカーのスキルの影響　グラフィッカーの持つスキルやマインドには揺らぎがあり、統一されているわけではありません。グラフィッカーが聞き取った情報や着目した文脈にもとづきグラフィックが作成されていくため、場の中で生じた言葉が同じでも、それを絵にするグラフィッカーもいれば、図にするグラフィッカーもいます。もちろんグラフィッカーによって使用するペンの色や太さも違います。それに、描き出す時のタイミングや注目のさせ方にも揺らぎがあります。

5．場のコンテクストの影響　みんなでより良い結論を見つけようとしている目的がある話し合いの場で、研究のためにグラフィッカーがいるチームといないチームがあることについて、差別的に感じた参加者もいたかもしれません。その違いに違和感を持つことで話し合いへの意欲が削がれてしまったり、妙に競争的になって本来の目的が意識しにくくなってしまったり、場のコンテクストが崩れてしまったりする可能性に目を向ける必要があるでしょう。

6．参加者の期待のズレの影響　参加者、ファシリテーター、グラフィッカーの中でお互いに求める役割への期待が、各グループで違っていた可能性があります。例えば、アーカイブとして淡々と記録を期待される描き方と、ダイナミックに議論に介入していくことが期待される描き方がありますが、もし期待が違った場合、どちらの描き方もノイズになる一方で、期待が合えば良きツールとなるでしょう。グラレコに対する参加者への評価は、単にグラレコがある、ないによって決まるのではなく、もう少し複雑な仕組みで決まるのかもしれません。

7．回答の形式による影響　アンケートの質問項目が、どうしてもグラレコに注目する形式になってしまうため、グラフィックがあって良かったと言わせる方に誘導がかかってしまった可能性があります。会議の内容についてのアンケートとグラレコについてのアンケートは分けて聞くという工夫を検討する必要があるでしょう。また会議がよくなかったと伝えることに関して、メンバーの目に入らないかという不安を回答する側が持つことも想定されます。それを可能な限り、打ち消すための工夫を考えるという課題もあるでしょう。

8．一回きり、短時間のアンケートという方法上の限界　アンケート調査を通して、参加者の回答パターンを数値化し、比較する場合、今回の会議の参加者数では、どうしても回答パターンに参加者の「個人差」の影響が大きくでてしまいます。もし、会議の前後で回答をしてもらい、その「変化」に着目するのであれば、ここでの個人差の影響を小さくすることができます。あるいは、質問項目への回答だけではなく、別の機会にデプスインタビューを行い、そのときの「語り」から仮説について示唆を得ることができます。

ここまで述べたように、今回のアンケート調査には、少なくとも八つの「揺らぎ」の要素があると思います。この揺らぎを解消するための工夫を考えることが、グラレコの「研究」としては必要かもしれません。しかし、そのために話し合いの場における本来の目的やプロセスが歪められてしまったら本末転倒です。これは実践と研究を組み合わせるときに生じる難題なように思います。どのようにしたら調査のために用意した話し合いではなく、実践的な生きた話し合いの場でグラレコの影響を「見る」ことができるのでしょうか。この問いは、オープンチームサイエンスの「これから」にとって大切な問いになると思います。

会議に参加したグラフィッカーのインタビューから見えたこと

アンケート調査の課題が見えてきたところで、私たちは、この会議に参加したグラフィッカーからどのような体験があったのかについてインタビューを行いました。

Aさんは、グラフィッカーとしてグループの一つに参加しました。参加するにあたり、話し合いから「イメージ」を受け取って描くということを意識していました。そして、この話し合いで目指したのは平等な話し合いでした。参加者に対しては、グラフィックを見せて話を振るといろいろな話をしてくれる優しい人たちだという印象を持っていました。インタビューを通して浮かび上がってきた興味深いエピソードは次の三つです。

①話し合いはまずは自己紹介から始まったが雰囲気が硬い。参加者みんなの目線が机を向いていて、目線が低いなと感じたため、グラフィッカーAさんは参加者の似顔絵を書き始めたボードに視線を集めた。すると各自の目線が上がり、話し合いに乗ってきたような空気が生まれた。

②話が進んでくると、話をかち割って入ってくる人が出現した。うまく進んでいた会話のテンポが崩れるようになった。グラフィッカーAさんは、ひとりひとりのイメージを描くエリアを作って、それぞれの考えを発話するようなリアクションを促した。みんなの考えを一覧にして考えや感覚が繋がる部分を探すつもりだったが、結局は年齢が上の人が発言回数の多い話し合いの場になった。それはグラフィッカーAさんにとっては悔しい結果だった。

③引き続き、年齢が上の人が発言回数が多い話し合いとなったが、若い方が勇気を出して発言してくれた。グラフィッカーAさんは話者の顔を描き「この人が話してるんだ！」という面を強調した。すると場に「話してもいいんだ！」という肯定感が伝わったような気がした。

このようにグラフィッカーは、シェルモードを形成する小さな出来事を掴み取り、解決するためのグラフィックを描こうとしていることが体験から見えてきました。これらは次のように表現することもできます。

グラフィッカーの役割と効果――
①シェルモードを形成する出来事を感知する
②出来事で影響を受ける参加者の様子を観察する
③その様子を受け取り、必要と思われるグラフィックを描く
④描いたことから「結果」が生まれ、話し合いがリボーダーモードに少し変化する

グラレコの影響を探るためには、まずこの①から④によって場に何が生じたかを調べることが必要なことが見えてきました。グラフィッカーは話し合いの中でこのプロセスを何度も繰り返しながらリボーダーモードに近づけている可能性があります。この文脈なしに、結果だけを測ることは電気回路を観察せずに、灯が点いたか、付かないかを議論することに等しいのではないでしょうか。グラレコのどこに着目し、どのような方法で調べるのか、この問いの答えとして、オープンチームサイエンスの中で「落としどころ」を見つけることが、そしてそれに至るプロセスがオープンチームサイエンスにとって大事なことのように思えます。

これからの展望

話し合いの場に踏み込み、グラレコが話し合いに与える影響について調査を行う際には、多くの気をつけるべき点があることが今回の調査で見えてきました。話し合いの場は一見、発話を重ねるだけの場に見えますが、お互いの価値観とこれからの未来を作り出す複雑な交渉の場と考えられます。そのような交渉の場を乱す要素になり得る「ひずみ」や「ズレ」を十分に考慮しつつ、数字やグラフに要約したときに見えなくなる部分にしっかりと目を向けたいです。いずれにしても探求はまだ始まったばかりです。ビジュアリゼーションの持つ可能性を多角的に捉えるために、どのような方法があるのか、試行錯誤しながら、繰り返し探求を続けていきたいです。

7章　超学際的エクササイズとしてのシリアスボードゲームジャム

太田　和彦

要点　遊びを通して環境問題を考える。プレイフルな共創の場をしつらえる。

他の章でも書かれているように、オープンチームサイエンスが寄与する超学際的な取り組みには、非常に多くの困難が伴います。誰と取り組むべきか、当初の計画にどれくらい柔軟性を持たせるべきなのか、方向性が合致しないときにどうすれば良いのか。万事が確認と意識のすり合わせでゆっくりとしか進まないので、お互いに余裕がないと続きません。

超学際研究をしたい、しかし経験値が足りない

私は、地球研のＦＥＡＳＴ（「持続可能な食の消費と生産を実現するライフワールドの構築―食農体系の転換

にむけて」スティーブン・マックグリービー）という研究プロジェクトのメンバーの一員として、２０１６年度から行政と市民団体と企業と研究機関が連携して、食を通じて地域の望ましいあり方を考え、政策として提案する、フードポリシー・カウンシルという組織を各地に作る試みに参加してきました。実際に京都をはじめ、秋田や長野のフィールドで、行政の職員や学校関係者や非営利団体の方々と「持続可能な食という側面から都市や地域のあり方を考える」というテーマでお話をしてみると、何が問題であると考えているか、どういうビジョンを持って活動しているかが、それぞれかなり異なることがわかり、途方に暮れることがありました。例えば、政策提言に向けて誰の協力を得れば良いかがわからない（誰と取り組むべきか？）、研究計画《リサーチ・プラン》から大きく逸れるが、研究課題《リサーチ・クエスチョン》には直結する新しい取り組みに時間と予算を捻出するか判断がつかない（計画にどれくらい柔軟性を持たせるべきなのか？）、関係者同士の主張が食い違って板挟みになる（方向性が合致しないときには？）など。

　このような現状認識やビジョンに関する対話を重ねるなかで思い至ったのは、そもそも私たちには超学際的な共同作業の経験を十分に積む機会がないのではないか、ということでした。国内外の多くの事例からも、超学際的な共同作業では様々なタイプのすれ違いが生じることが知られています。例えば、やり方や考え方といった前提が異なることによる意思疎通の困難。役割分担が不明確なせいで生じる混乱。相手の期待に過剰に応えようと頑張った結果の燃え尽き。互いへの忖度による情報の伝達不全や重大な事実の隠匿。メンバー間の摩擦こそないが大して成果もあがらない「機能障害のある調和」など。また、同じ業種である研究者同士でも、専門分野が異なれば、それぞれの分野の方法論・慣行・問題認識や、資金、人材、時間といった必要な資源の見積もり、成果の評価基準などの差異が、すれ違いの種になります。

このようなすれ違いをなくすことは不可能ですが、経験を重ねることで、すれ違いに対する心の準備をすることはできます。失敗が許され、さまざまな実験が可能で、少ない資金で、短時間で終えることができ、集中できて、くり返しが苦にならない程度に楽しい。これらの条件を満たす、超学際的な共同作業のエクササイズとして、私は「シリアスボードゲームジャム（ＳＢＧＪ）」というイベントに注目しています。「シリアスボードゲームジャム」は、「シリアスゲーム」と「ボードゲーム」と「ゲームジャム」が組み合わされた言葉です。本章では、まず「シリアスゲーム」と「ゲームジャム」について説明し、次に超学際的な取り組みの困難さと、その困難さにおけるシリアスゲームジャムとの親和性、そして総合地球環境学研究所で２０１８年、２０１９年に開催したイベントについてご紹介します。

シリアスゲームとは？　ゲームジャムとは？

シリアスゲームとは、環境問題や社会問題をテーマにした、単純に楽しいだけにとどまらない経験をプレイヤーにもたらすゲームを指します。例えば医療現場ではリハビリテーションや病気の予防の一環として、教育現場では教科書などで書かれている知識をわかりやすく体験したり、あるいは社会問題・環境問題といった一筋縄ではいかない、全員が納得するような正解がない「厄介な問題」（後述）についての理解を深めたりするために用いられます。日本でも、ＳＤＧｓや防災をテーマとしたカードゲームがいくつかリリースされていますが、これらは典型的なシリアスゲームです。そのほかにもシリアスゲームのテーマとしては、例えば、気候変動、天然資源の持続的管理、移民、貧富の差の拡大、性的少数者への配慮などがあげられます。

シリアスゲームは、オランダ、フィンランド、ドイツなどで盛んに研究がなされています。また、現地では図書館でもゲームの貸出しが行われ、誰でも手に取りやすい環境にあります。例えば、一般市民の一人として1990年代のサラエボ包囲を生き抜くことをテーマとしたサバイバルシミュレーション『This War of Mine』(2014年)は、ポーランド教育省の学生向け推薦図書リストの一タイトルとして、ポーランドのすべての高校にて無料で貸出されています。この作品を日本語でプレイすることはできませんが、一部のシリアスゲームはスマートフォンでも遊ぶことができます。例えば、第二次世界大戦後のノルウェーで、ドイツ兵士を父に持つために迫害される子供を里親として育てていく育成シミュレーション『マイ・チャイルド・レーベンスボルン』(2018年)は、まるで優れたノンフィクションを読んだ後のような印象を残すでしょう。

ゲームというメディアの特徴は、他の媒体にない双方向的《インタラクティブ》な表現を通じて、プレイヤーに体験やメッセージを伝えられる点にあります。プレイヤーは、ゲーム世界での体験に浸り、解釈し、難しい局面での選択を迫られたり、価値判断を下したりします。そのような体験を通じて、プレイヤーは自分の日常とは別の日常を味わうこととなります。シリアスゲームの諸作品は、いろいろな形でそれを社会・環境問題と結び付けているといえます。

ところで、私たちは既存のゲームで遊ぶだけでなく、新しいゲームを作り出すこともできます。この「ゲームを作る」というプロセスをゲームのように体験できるイベントが、「ゲームジャム」です。ゲームジャムの参加者は、当日、即席のチームで、36時間や48時間といった制限時間のなかでゲーム作品の開発を試みます。主催者が決めたお題に則して、短い期間に集中して、アイディアを出し合い、開発計画を立てて、初対面のチームメンバーのあいだで意見交換しながらゲームを制作し、一つの作品として仕上げることを目指すのです。このイベントは、世界中で開催されており、根強いファンがいます。そのなかには「ゲーム・フォー・チェンジ」をはじめとした、環境問題や社会課題への取り組みをお題としたゲームを作る「シリアスゲームジャム」もあります。また、多くのゲームジャムではデジタルゲームが開発されますが、電源不要のアナログゲームを作る「ボードゲームジャム」もあります。

①環境問題や社会課題への取り組みをお題とした、②アナログゲームを、③即席のチームで短期間のうちに仕上げるのが、本章でご紹介する「シリアスボードゲームジャム」です。

「厄介な問題」を飼いならす試み

超学際的な共同作業とシリアスゲームジャムの制作プロセスには、特に「厄介な問題」の扱いかたに共通点があります。

持続可能な社会にかかわる諸問題は、まずゴールがどこにあるか、持続可能であるに足る社会のビジョンとはどのようなものなのかをすり合わせることから始める必要があります。現状とゴールの乖離についての認識も人によって異なることがほとんどです。実際のプロジェクトを始める前には、多くの人と意見交換し、ゴールとスタートを決め、その次に、そのスタートとゴールのあいだを決められた期間と予算の中で無理のない計画を立て、計画がうまくいかないときの予備の方策や、トラブルの対処法など

なんらかの形で「厄介な問題《ウィキッド・プロブレム》」はなんらかの形でを随時決めながら進めていくことになります。このプロセスの中で、「厄介な問題《ウィキッド・プロブレム》」はなんらかの形で「飼いならされた問題《テイムド・プロブレム》」になります。シリアスゲームもまた、ゴールとスタートがわからない「厄介な問題」を扱うことになりますが、ゲーム制作の過程において、勝利条件とルール、初期値などが否応なく設定されることになり、「飼いならされた問題」に変換されることになります。

この、「厄介な問題」をなんらかの形で「飼いならされた問題」にするプロセスが、シリアスゲームの開発では特に主題化されます。環境問題・社会問題をテーマとしたシリアスゲームは、プレイ時間が長く、操作も複雑なとても〝重い〟ゲームとなる傾向がありますが、それでもゲーム内で表現しきれない厄介さが必ず残されることになります。

「厄介な問題」を、「飼いならされた問題」にしてしまうことに疑問や抵抗を感じる人はもちろんいると思います（特に研究者の方であればなおさら）。例えば、シリアスゲームとして表現するなかで、意図せずとも、科学的知識を過度に単純化して誤解を広めてしまったり、誇張や捏造された〝事実〟を歴史として描いてしまったり、極端な政治プロパガンダのツールとなってしまう可能性は常にあります。そのため、この疑問や慎重さはまったく正しく、問題の厄介さにこだわり続けるメンバーは重要な役割を果たします。

この「問題の厄介さにこだわり続ける」メンバーは、例えばそのテーマの専門的知識を持っていたり、さまざまなデータにアクセスできたりする人かもしれません。本書の主題はオープンチームサイエンスですが、さまざまな専門を持つメンバーが、オープンアクセスのデータを使うことができる場は、「厄介な問題」を、「飼いならされた問題」にするプロセスにおいて重要なものといえます。

ちなみに、シリアスゲーム開発では、ゲーム内で表現しきれなかった厄介さについて、例えば小冊子にまとめる、ゲームプレイ後にプレイヤーの意見交換の場（「デブリーフィング」と呼ばれます）をセッティングするなどして、世界はこのゲームほど単純ではないということを伝える工夫を行うことで対処しています。

30時間限定の超学際的な共同作業

ここで、２０１８年と２０１９年に地球研で開催したシリアスボードゲームジャムについてご紹介したいと思います。このイベントは、研究者だけでなく、非営利団体に所属している人、学生、クリエイター、ゲーム制作に関心のある人など、様々な立場の人たちが混合で1チーム約4名ずつに分かれ、30時間かけて、各チーム一つのボードゲームを制作するというものです。地球研の研究者の他、京都精華大学の辻田幸広さん、立命館大学の飯田和敏さん、スケルトン・クルー・スタジオという京都のゲーム会社の石川武志さん、村上雅彦さんらと共同で開催しました。また、オランダのユトレヒト大学のヨースト・フェアフォールトさん、アストリッド・マンガスさんから企画の核となるアイディアをいただきました。

２０１８年には「よい食とは？」、２０１９年は「独りで食べている人なんていない」と、開催年ごとに食にまつわるテーマを設定しました。なぜ食なのかといえば、私が食のプロジェクトに携わっているというのも大きな理由の一つですが、何よりも、どんな業種や年齢の人であっても、生きている限り「食べる」という行為に関わらない人はいないので、意見交換の基盤にしやすいという点があげられます。食はいろいろな環境問題や社会問題との結びつきを理解しやすく、アイデンティティや感情とも結びつきが深

写真　地球研で開催されたSBGJ2018

※参加者からの写真使用の許可はイベント時に取得

いテーマなのです。

イベントで制作するゲームをアナログゲームにした理由は単純です。デジタルゲームを作るためにはプログラミングできる人材が必要で、そのような人材は非常に限られているからです。ボードゲームであれば、紙とペンがあれば誰にでも作ることができます。ボードゲームの制作にはさらに利点があって、デジタルゲームの場合、プログラミング中は会話が途切れてしまいますが、ボードゲームなら作業中もずっと会話を続けることができるのです。デジタルゲームジャムへの参加経験がある方から、「こんなに喉がかれるくらい話したゲームジャムは初めて！」という感想をいただきましたが、ボードゲームジャムにすることによって、制作プロセスにおける相互学習効果も強化できたのではないかと考えています。（写真）

シリアスボードゲームジャムの始めに伝えたのは、「イベントの2日間でひとまず遊ぶことができる作品に仕上げることを目指してほしい。しかし、ゲームとしての完璧さにはこだわらず、少しずつ深くて面白い作品に近づけていきましょう」ということでした。完成を急いでよくあるゲームメカニクスに環境問題や社会課題の言葉だけを単純に当てはめても、面白いゲームにはならないためです。シリアスな要素とゲームのデザインがちぐはぐだと、よくあるゲームを社会課題にのせただけの作品が出来上がることになります。そういうシリアスゲームは「チョコレートをかけたブロッコリー」とも呼ばれます（不味そうですね）。それを避けるために、チームメンバーは「プレイヤーにはこのシリアスゲーム内でどのような体験をしてほしいか？」というゴールについての意見交換から始め、それを実現するための様々な仕組みを作っていくことになります。

ＳＢＧＪ２０１８では、「チョコレートをかけたブロッコリー」を見事に回避した9作品が仕上がり、その内5作品については、ＳＢＧＪのイベント後も有志のメンバーがブラッシュアップを重ね、二つが十分に遊べる作品となり、そのうちの一つ「コモンズの悲喜劇」という作品は販売するにまで至りました。

ＳＢＧＪ２０１９では、慌てず焦らず、そしてあきらめずという制作プロセスをサポートするために、ＳＢＧＪ２０１８にさらに次の三つの要素をつけ足しました。一つめが、ルーブリックという、自己採点のための表です。シリアス度やガバナンスの表現、難易度、初めての人が遊びやすいか否か、拡張性、ユニークさ、そして完成度について、自分たちで採点できるようにしました。

二つめは、「厄介な問題の着眼点の提起」です。厄介な問題は、そもそも正解が存在せず、ゴールが存在しません。喫緊の課題についてすら、ゼロから考える必要があります。そこでイベントのはじめに、ゲームのテーマとなる「厄介な問題」への切り口を提起する機会を設けました。２０１８年には、主催者側で班分けを行い、主に研究者に課題の提起をお願いしましたが、２０１９年には、チームをあらかじめ定めず、ゲームのテーマとして扱いたいトピックを持つ様々な立場の人が呼びかけ人となって全員にプレゼンし、そのトピックに興味を持ち集まったグループをチームとする形式をとりました。多くの超学際的な取り組みと同じ要領です。この結果、「独りで食べている人なんていない」という大枠のテーマに沿って、「難民問題」「日本酒」「シェア・エコノミー」など、バラエティに富んだトピックが提起され、チームバランスがとれているとは言いがたいですが（全員学生のチームもありました）、研究者以外の方が専門知を共有することができる場にもなりました。

三つめは、制作したゲームの審査会の開催です。イベントの一か月後にゲームの審査会を開催するので、それに向けみなさんでブラッシュアップしてください、というわけです。審査会という目標を設定することで、作品のブラッシュアップの動機と機会を提供することが主な目的です。先述のようにシリアスゲームにはゲーム後の議論（デブリーフィング）があるのですが、この審査会はシリアスボードゲームジャムにおけるデブリーフィングの位置づけになります。

これらの追加要素は、いずれも様々な背景を持つ参加者の意見交換をより活発にするためのものですが、一方で、摩擦を低減するためのものではありません。むしろ、一つのプロジェクトを遂行する上での摩擦や、ままならなさを体験し、その体験から超学際的な共同作業に関わる洞察を引き出すことこそが、このシリアスボードゲームジャムの真の目的であるとも言えます。「厄介な問題」は、解き方についても正解がありません。なので、小規模な試行錯誤をなるべく多くこなし、その経験を分析しながら前に進んでいくことが最善手なのです。

いかに課題解決に結びつけるか

超学際的な共同作業のエクササイズとしてのシリアスボードゲームジャムについてご紹介してきましたが、最後に、このイベントの未解決の課題を二つご紹介して、本章のまとめとしたいと思います。

一つは、シリアスゲームのワークショップやゲームジャムの体験は、いかにして実際の社会課題の解決のための行動に結びつけられるのか、という点です。ゲームを使った教育《ゲーム・ベースド・ラーニング》という分野でさまざまな事例報告や研究がなされていますが、ゲーム前後の行動や意識の変容についてはあまり一般化されていません。ゲームは、ルールを覚えてゲームの世界に没入し、自由に試行錯誤を繰り返せる段階に至るまで時間がかかることもあるため、シリアスゲームやゲームジャムの教育的効果をどの時点で測るかによっても結果は異なります。ただ、強調できるのは、ゲームは幅広い人々の好奇心をかき立てる媒体であり、ある「厄介な問題」について広めたり、業種や立場の異なる人たちをヨコにつないだりする試みには、その敷居の低さが強みになるという点です。

くり返しになりますが、多くの人にとって、業種や立場を越えたコラボレーションの経験を積む機会は多くありません。研究者は論文を書くだけではなく、社会に寄与するためにさまざまな活動の触媒となることが求められ、昨今ではその要請がますます強まっています。そのため、ＦＥＡＳＴプロジェクトに着任したばかりの頃の私のように途方に暮れる人は少なくないと思います。そこで、「環境問題や社会問題をテーマにしたボードゲームを一緒に作る競技《ゲーム》」であるシリアスボードゲームジャムには、超学際的な共同作業の経験を気軽に積めるエクササイズとしての意義があると考えています。

もう一つの課題は、シリアスボードゲームジャムで生まれた作品を、どのように公開（場合によっては販売）するかという点です。日本ではまだ、ボードゲームはドイツやオランダほど広く受容されてはいません。そのため、メンバーと苦労して仕上げた作品が十分な採算を取れなかったり、埋もれてしまったりするリスクが多分にあります。しかし、大きなヒットとなりにくい代わりに、少ないリソースとコストでもできるのがボードゲームの良いところだとも言えます。例えば、私の友人のひとりは、平日は会社員をして、休日に他の仲間と一緒にシリアスボードゲームを作り、インディーズ作品として販売しています。

このような気軽さは、ゲームジャムというイベントにも共通しています。3連休の2日間で開催されるゲームジャムであれば、2日間はイベントに参加して密度の高い体験を積み、残りの1日を休日にあてることができます。SBGJ2018とSBGJ2019は研究所で開催しましたが、図書館で、あるいはオンラインで開催することもできるでしょう。メンバーと一緒にレベルの高い作品を仕上げることができればもちろん最高ですが、まずはチームで「厄介な問題」に対面するイベントの時間を楽しんでいただければと（楽しいばかりではありませんが）思います。

第2部　実践編

8章　琵琶湖の水草——ひらかれた協働研究の理想と現実

近藤　康久

要点　環境問題の現場で、オープンチームサイエンスは通用するのか。厄介事をめぐる格闘の先に得た教訓とは。

滋賀県の琵琶湖は、面積が日本で最も大きな湖です。琵琶湖の南端のくびれた部分を南湖と呼びます。南湖の沿岸には、西から反時計回りに大津市、草津市、守山市、野洲市が位置し、約63万人が暮らしています。京阪神都市圏のベッドタウンとして発展を続けているほか、近郊農業や電機産業なども盛んです。

南湖では、１９９４年の渇水を契機として、在来種のセンニンモやクロモ、外来種のオオカナダモやコカナダモといった水草（沈水植物）が大量に繁茂するようになりました。繁茂した水草は船舶のスクリューに絡みついて航行の障害となるだけでなく、湖辺に漂着して異臭を発し、耐えかねた住民から市役所や県庁に苦情が寄せられるようになりました。

環境問題としての側面

この問題の最大の特徴は、当事者によって問題のとらえ方が異なることにあります。琵琶湖の湖面を管理する滋賀県は、年間約3億円を投じて、外郭団体の淡海環境保全財団とともに、専用の刈取船や曳き網による水草の刈り取りを進めています。刈り取った水草は揚陸して、ふた夏かけて乾燥させ、堆肥にして希望者に無料配布しています。また、水草の繁茂状況を定期的にモニタリングしたり、関係者の協議会を設けたり、大学や事業者による水草の有効活用に向けた技術開発を支援したりするなどの取り組みを進めています。

琵琶湖を研究する科学者はこれまで、水草の現存量の推定など、主に生態学の視点から調査研究を進めてきました。滋賀県琵琶湖環境科学研究センターの石川可奈子さん（湖沼生態学）によれば、水草の大量繁茂は、１９９４年の渇水を契機に、南湖という浅くて栄養に富む湖の生態系が、植物プランクトンが優占する「濁った状態」から水草が優占する「澄んだ状態」に急激に移行する「レジームシフト」と呼ばれる自然現象が起こったと考えられるそうです。

このように、県の担当者と科学者にとって、水草の大量繁茂は生態系の撹乱という環境問題の側面が強く意識されます。

社会問題としての側面

いっぽう、水草が湖辺に漂着すると、管轄が大津市などの基礎自治体に移ります。廃棄物処理法が適用され、漂着した水草は廃棄物、つまりごみとして扱われます。土地の管理者や占有者、ボランティアが清掃し、自治体がごみとして処理します。大津市には2016年度に水草の漂着に関して15件の苦情が寄せられ、市は対策に約2300万円を費やしました。基礎自治体と湖岸の住民にとって、水草は悪臭を放つごみという「厄介者」であり、水草問題は「迷惑問題」ないし社会問題の側面がクローズアップされます。

実はこのことは、歴史的な経緯に根ざしています。立命館大学の鎌谷かおるさん（歴史学）の研究によれば、江戸時代の1701（元禄14）年には、大津浦で「藻草」すなわち水草を堆肥に使うために取りたい農民と、漁場を守るために取られたくない漁民の間で争いが起きました。農民側の訴えには次のように記されています。

藻草ヲ取、田畑之養ニ仕来リ申候（藻草をとって、田畑の肥料にしてきました）

しかし、1950年代なかばに化学肥料が普及すると、水草は堆肥として使われなくなりました（平塚純一他『里湖モク採り物語』生物研究社、2006年）。そして沿岸域が都市化し、新しい住民が流入する中で、有機肥料としての水草の価値は忘れられていったようです。つまり、かつて地域の貴重な資源であった水草は、人びとの「こころ」が離れていたことによって、いつしか「厄介者」に変わってしまいました。

〈他人ごと〉の「厄介な問題」

それでは、現在南湖沿岸に住んでいる人たちは、琵琶湖の自然環境と水草問題について、どう感じているのでしょうか。このことを調べるために、総合地球環境学研究所は2018年1月に大津市・草津市・守山市の住民を対象に「びわ湖と暮らしについてのアンケート」を実施しました。その結果を滋賀大学の松下京平さん（環境経済学）が分析したところ、回答者4578人の幸福度は総じて高く、地域と琵琶湖に強い愛着を感じていると同時に、琵琶湖の環境や水草問題への関心も高く、年にレジャー一回分程度の費用（3千円くらい）なら水草対策のために支払う意思を持っていることが分かりました。その一方で、環境問題への対処は行政に任せる意識が強いことも明らかになりました。湖岸で水草問題に直面する住民を除く大多数の住民にとって、水草問題は知っているけれど〈他人ごと〉という状態に見てとれます。

実はこのことが、水草問題の解決を困難にしている最大の障壁でした。湖辺に漂着した水草の清掃は、個人や自治会単位で細々と行われていました。しかし、多数の住民の心理的距離が離れているために、取組同士がつながって、〈自分ごと〉として清掃活動などに取り組む人の連帯の輪が広がる、ということが起こりにくい状況でした。その意味において琵琶湖南湖の水草問題は、自然環境と人間社会のさまざまな要因が複雑に絡み合って、解決するのが困難な「厄介な問題」のように見えました。

突破口はシビックテック

私たちの研究チームは、2017年4月から3年間、三井物産環境基金の研究助成を受けて、水草資源を活用するための地域コミュニティーづくりを目的とする「アクションリサーチ」を行いました（脇田健一ほか編『流域ガバナンス』京都大学学術出版会、2020年。以下の記述は筆者の担当節を発展させたものです）。

アクションリサーチを始めた当初は解決困難に見えた問題ですが、解決に向けた糸口は、意外とすんなり見つかりました。といっても、これが糸口だったと気づいたのは後になってからのことで、当時は五里霧中、暗中模索の状態でしたが。

大津市の真野浜水泳場では、民宿を営むYさんが、2014年頃から湖辺の清掃活動を毎朝一人で続けており、その様子をフェイスブックやユーチューブに投稿していました。現地在住・在勤で琵琶湖の環境社会問題に長年取り組んできた環境社会学者のWさんがこのことを知ってYさんを訪ね、さらに琵琶湖への想いを共有し循環させる仕組み（後の「びわぽいんと」の原型）を構想していた地元老舗観光企業社長（当時）のKさんや、シビックテックを大津市で仕掛けてきたITベンチャー企業経営者のFさんら、この問題に関心を寄せる人たちに呼びかけて、2017年秋に市民団体「水宝山（水草は宝の山）」が結成されました。この年、Fさんの呼びかけにより、「チャレンジ!! オープンガバナンス2017」という市民と行政の協働による課題解決アイディアコンテストに、水宝山が大津市と連携して「琵琶湖の水草有効利用の社会的仕組みを市民の力でつくりあげる」という提案を応募したところ、ファイナリストにノミネートされました。

ひらかれた協働を模索する

このようなきっかけで、水草問題の解決に向けたコミュニティーの原型が出来ました。また、シビックテックによる市民と行政の協働については、大津市だけでなく近隣の草津市や守山市、近江八幡市などでも機運が高まっていました。このような状況から、地域には水草問題を解決するための「底力」が備わっているという実感を得ました。そこで、私たちの研究チームは、オープンチームサイエンスの考え方を取り入れつつ、「水宝山」とのメンバーが中心となって水草問題の解決に向けた活動を展開するためのシビックテックを後押しすることを試みました。

本書の冒頭で述べたように、オープンチームサイエンスは、現実世界の問題に対して「学術の知識生産システムの開放」と、研究者を含む社会の多様な主体が「へだたりを超えてつながる」ことを柱とします（図）。ここでは、琵琶湖南湖の水草大量繁茂という現実世界の「厄介な問題」を対象として、先述の「びわ湖アンケート」をFAIRデータ（本書「はじめに」参照）として提供することと、さまざまな分野（学）の研究者が、企業（産）・行政（官）・NPO（民）など社会の様々な立場にある人たちと水草問題の解決策を共創することにより、二つの柱を実現しようとしました。具体的な共創の場として、5回のワー

図　琵琶湖の水草問題に対処するためのアクションリサーチの流れ

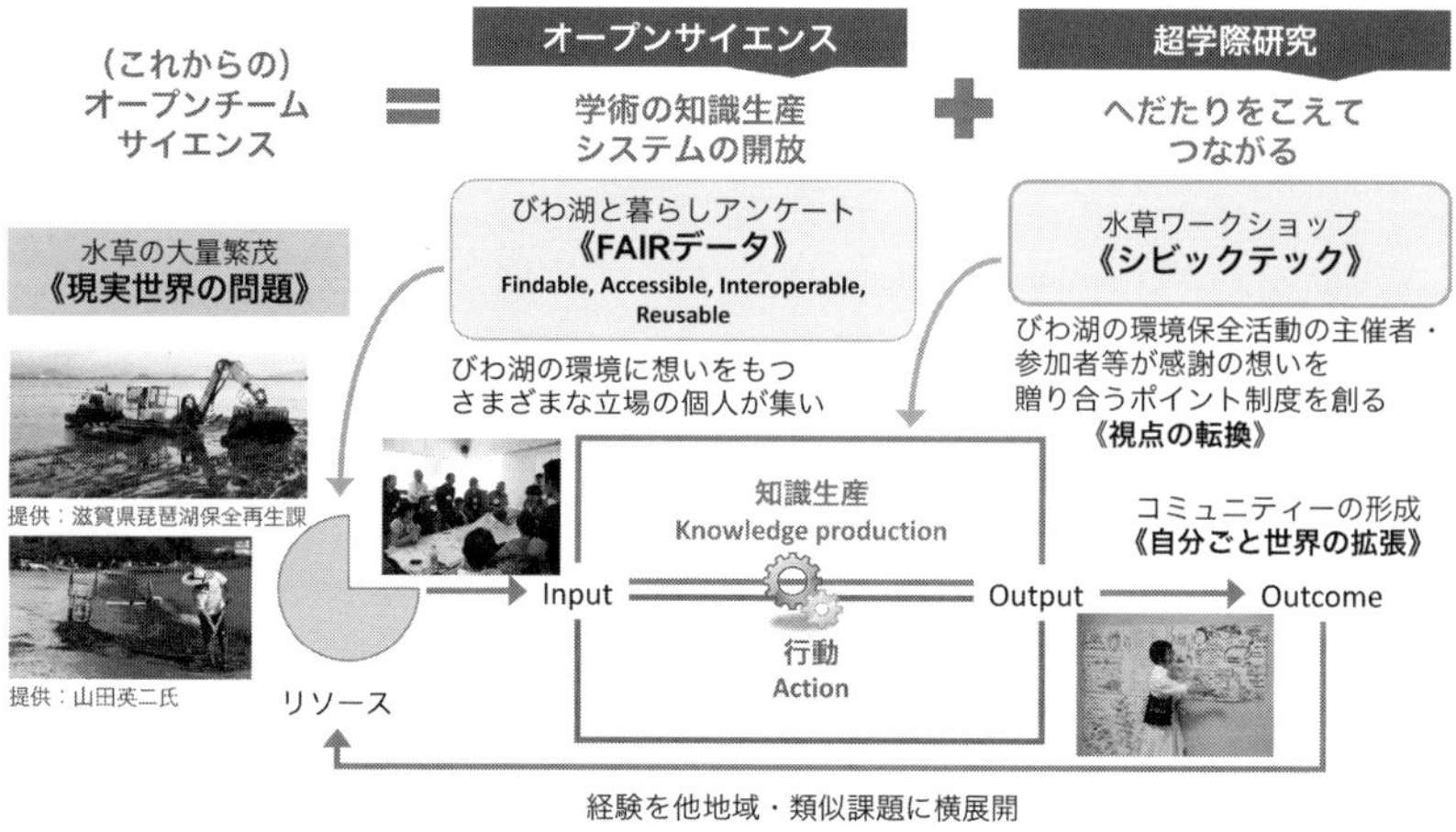

クショップを行いました。

まず、２０１７年８月に、第７回マザーレイクフォーラムびわコミ会議の分科会「びわ湖のこれから話さへん？」の場を借りて、「水草を活かす！どうする？びわ湖の水草問題」と題するハテナソンを試みました。マザーレイクフォーラムは、琵琶湖の環境保全に関わる多様な主体がゆるやかにつながりつつ、滋賀県の琵琶湖総合保全整備計画（マザーレイク21計画）第２期計画の進行管理と評価提言を行う場です。ハテナソンでは、本書の執筆者の一人である佐藤賢一さんの進行により、９人の参加者がテーブルを囲んで、水草問題に関する課題の洗い出しをおこなった結果、「水草とのよりよい付き合い方を見つけよう」というキーセンテンス（合言葉）にたどり着きました。

次に、２０１７年11月に草津市のまちづくり拠点「アーバンデザインセンターびわこ・くさつ」で市民座談会を催しました。座談会には、草津市の子育て支援ＮＰＯ「くさつ未来プロジェクト」のメンバーと、滋賀県と草津市の職員、研究者など12名が出席しました。本書の執筆者の一人である加納圭さんがファシリテーターを務め、二つのテーブルに分かれたグループトーク形式で、水草問題も含めて琵琶湖の良い点・悪い点を話し合いました。その結果、ＰＴＡを通じて学校のプランターで水草堆肥を使って植物を育て、卒業生から新入生に贈るなど、研究者だけでは思いつかなかったアイディアが得られました。

アイディアから具体的開発へ

座談会の結果に自信を得て、２０１８年4月に「びわ湖の水草プレワークショップ」、7月に「びわ湖の水草ワークショップ」を、いずれも大津市にて催しました。普段は産学官民の異なる社会的地位にある人たちが、４月の回は14人、７月の回は28人、一市民の立場で参加してくれました。各回とも、「びわ湖アンケート」の結果や、Ｙさん・Ｋさんをはじめ琵琶湖の水草問題への対処や全国各地でシビックテックに取り組む人たちの講話を聞いた後で、グループに分かれて水草問題の具体的な解決策を共創しました。講話や会話をその場で文字と絵と図解に表現するグラフィックレコーディングを取り入れて、参加者誰もが安心して発言できる雰囲気をつくるように心がけました。すると、はじめは戸惑いがちだった参加者も次第に打ち解け、ネジレモなど在来種の水草を用いてハーバリウムをつくる、漂着した水草の清掃に取り組む人に「ありがとう」の気持ちを贈る仕組みをつくる、といったアイディアが生まれました。また、意気投合した参加者数人が、新たに共創チームに加わってくれました。

さらに、８月の第８回びわコミ会議の分科会でも、「水草から見たびわ湖」と題するテーブル対話の場を設けさせてもらいました。この分科会には8名が参加し、南湖の水草問題の概況や、国際ボランティア学生協会（ＩＶＵＳＡ）による特定外来種駆除イベントの話題を共有しつつ、「楽しい」を「欲しい」に変換するために水草の新たな価値を生み出す必要性に考えが至りました。

これらのワークショップで出てきたアイディアを共創チームで整理し、さらに絞り込んだ結果、水草の清掃活動をはじめとする琵琶湖の環境保全活動の主催者と参加者、協賛者が「ありがとう」の気持ちを贈り合う電子地域ポイント制度「びわぽいんと」を開発することが決まりました。これは、もともとはKさんが温めていた構想を、ワークショップを通じて具体化し、既存の電子ポイントのプラットフォームと結びつけたものでした。この「びわぽいんと」と、水草の漂着状況や清掃活動をはじめとする環境保全イベントの案内、水草問題をはじめとする琵琶湖の環境問題への対処に関わる個人・団体の取組などを発信する地域環境情報ポータルサイトを組み合わせることにより、水草問題をはじめとして琵琶湖の環境保全活動に関わる人々の連帯を深め、広げる、という方向性が定まりました。これを実現するべく、プラットフォームの運営を担う特定非営利活動法人「琵琶故知新」が２０１９年10月に設立されました。現在、「びわぽいんと」の本格運用に向けた調整が続いています。

並行して地域に起きた変化

滋賀県による南湖の水草の刈取除去量は、２０１６年をピークに減少に転じました。県が発行するデータブック『びわ湖と暮らし』によると、南湖における長期的な水草の繁茂傾向は、２０１８年版では「悪化」、２０１９年版（『びわ湖なう』に改題）は「評価できない」という判定になりました。この間、水草の大量繁茂は小康状態にあったようです。

私たちの研究実践と並行して、地域では水草を資源として再利用するさまざまな取り組みが進みました。滋賀県の水草等対策技術開発支援事業からは水草堆肥の商品化が実現したほか、水草を着色料に使ったガラス工芸品も生まれました。大津市のフラワーショップが水草堆肥で育てるハーブ栽培キットを販売したり、県下の菓子メーカーが水草堆肥を使って店舗ディスプレイ用の山野草を育てたりする事例も見られるようになりました。

本書の執筆者の一人である中原聖乃さんがYさんから聞き取ったところによると、Yさんは湖辺の掃除を始めた当初、「自分たちがやっていることはそれほどたいしたことではないと思っていた。単に家の前を掃除していただけだったから」だそうです。しかしYさんが、積み上げた水草に「ご自由に持って行ってください」と書いた看板を立てて置いたところ、近隣で家庭菜園をしている人たちが水草を菜園に使うようになり、交流が始まりました。最近、Yさんがフェイスブックに「捨てる人より、拾う人が多い浜辺になりました」と投稿しました。水草問題の対処にかかわる人は、確実に増えつつあるようです。

研究実践の意義

今になって振り返ると、私たちの研究実践は、研究者も含む社会の多様な主体を「一市民」のフラットな立場にする「共創の場」を設けて、市民に研究の主導権を委ねることを特徴としていました。それは、市民が地域の環境社会課題を〈自分ごと〉と認識し、解決に向けた自律的で持続可能な社会的制度を自らの手で作り上げようとする、新しい環境自治のあり方を示すものであったともいえます。

「びわぽいんと」が地域で循環することは、地域で〈善意〉という非金銭的価値の循環がテクノロジーの助けを借りて実現することを意味します。今後、〈善意の循環〉が地域社会に根づくことにより、水草問題を〈自分ごと〉と捉える意識が広がり、水草の漂着に関する苦情の件数が減少する一方で、水草清掃イベントの回数や参加人数が増加することが期待されます。また、マザーレイクフォーラムでのネットワーキングを通じて、外来魚駆除やプラスチックごみ除去、ヨシ原の保全など、水草以外の環境保全活動にも「びわぽいんと」の仕組みが普及することも期待されます。地域に店舗での「びわぽいんと」の利用が進むことにより、例えば「ビワイチ」(琵琶湖一周)などの観光・レジャー客も「びわぽいんと」と環境保全活動を認知し、琵琶湖への愛着が高じて環境イベントに参加するようになることでしょう。こうして、琵琶湖の環境問題が、一歩ずつ「解消」に近づいていきます。

さらにいえば、琵琶湖での活動実績は、シビックテックによる自助・共助に基づく環境自治の先導事例となることが期待されます。今後、私たちの経験を世界湖沼会議など国内外の環境保全活動のコミュニティーと、シビックテックフォーラムやコード・フォー・ジャパンなどシビックテックのコミュニティーに伝えていきます。それにより、琵琶湖と同様の水草問題を抱える中海(鳥取県・島根県)や霞ヶ浦(茨城県)、ラグナ湖(フィリピン)などに取り組みが横展開するとともに、より広汎な地域課題解決に成果が波及していくことでしょう。こうして、シビックテックに基づく環境自治の〈タネまき〉が進んでいきます。

このように見通すと、南湖の水草問題に対処する取り組みは、市民主導のソーシャルイノベーションだったといえます。このイノベーションにおいて研究者が果たした役割は、活動の前面に出るのではなく、地域で起こっていることを言語化・理論化することという、いわば伴走者の役割でした。これが、地域に寄り添う研究者のあり方の一例を示しているように思います。

とはいえ、大津市真野浜のYさんと家庭菜園の人たちのような小規模地域コミュニティーにおける水草堆肥活用の「小さな循環」を、「びわぽいんと」と「琵琶故知新ポータル」を通じた琵琶湖流域圏全体での「大きな循環」に結びつける取り組みはまだ始まったばかりで、地域での自律的・持続的な事業展開の実現に向けて、取り組みの継続を必要とします。新型コロナウイルス対策のための経済活動の停滞に直面する今、人材と資金の確保が大きな課題となっています。

実践から学んだ教訓

ここまで、研究の経過をあたかも成功物語のように叙述してきましたが、実際は葛藤や紆余曲折の連続でした。私自身もこの研究を通じて、社会の多様な主体との協働による地域課題解決の現場では、研究者の思惑通り、すなわち当初計画通りに行かないことの方が多いということを学びました。

私たちがアクションリサーチを始めた当初、Wさんはしきりに「このプロジェクトは先行きが心配だ。ハレーションが起きるのではないか」と心配していました。このとき、私にはWさんが何を心配しているのか、「ハレーション」が何を意味しているのか、Wさんの真意をよく理解できませんでした。3年経ってようやく、「ハレーション」の正体が、研究資金を地元に持ち込むことや、研究成果を「研究者の手柄」として公表すること、地域にとって「不都合な真実」や「同意しがたい解釈」を公表することが、地域の主体の失望や反発を招き、協働体制の構築を阻害する恐れのことだと分かりました。

この「ハレーション」という言説は、「ハレーション」を恐れるあまり、研究したいことができなくなってしまうという、社会的制約のジレンマを生じさせる一因にもなりました。例えば、自治体の協力のもと「びわ湖アンケート」を実施する際には、人権への配慮から、世帯年収など、環境経済学のトップジャーナルに採録されるためには欠かせない質問項目を除外せざるを得ませんでした。

これとは別に、会計上のジレンマもありました。出資機関と資金管理機関の会計ルールに違いがあり、両者の板挟みになる形で、特に事業化には欠かせない民間事業者とのコラボレーションに困難をきたすことがありました。また、ワークショップの開催にあたっては、司会者とグラフィックレコーダーに支払う機関定額の謝金が、フリーランサーの報酬相場をはるかに下回り、拘束時間に見合わないとして、あわやトラブルになりかけました。公的機関の慣習では、移動時間は業務実施時間に含めないことが原因なのですが、こんなところで公的機関によるフリーランサーの「やりがい搾取」が起こりうるということに、私はまったく無知でした。

これらは、学術研究の倫理的・法的・社会的課題（ＥＬＳＩ）として、最近注目されるようになった重要論点です。今後、環境と社会に関わる課題を研究者と当事者、出資者が協力して解決していくときに共通の障壁となるので、引き続き事例を収集し、実践から学んだ教訓をオープンに共有して、透明性を担保していく必要があると思います。

9章　ひらかれた協働で生物多様性の研究と実践の隔たりを超える

大澤　剛士

要点　生態学の研究者が、ボランティアとの二足のわらじで保全活動に挑んだ先に悟った、環境問題を解くための極意とは。

ＩＣＴの普及に伴い、普段の生活の中で科学に触れる機会が飛躍的に増えました。インターネット上では科学的な新発見を解説する記事を多々目にしますし、大学の講義や教授による解説を聞くことも容易になっています。最新の学術論文もインターネットを通じて入手できますし、近年では「オープンアクセス」と呼ばれる、購読料を支払わないでも自由に読める学術雑誌も増え、研究機関等に所属しなくても最新の学術論文を読むことが可能です。この影響もあってのことか、科学に対する社会の期待も高まってきているように感じます。

科学技術基本法（２０２１年４月より科学技術・イノベーション基本法）によって策定される科学技術基

本計画の第5期（2016年〜2020年）においても、科学技術政策4本の柱の中に「経済・社会的な課題への対応」が挙げられ、政策、社会課題の解決を目指す取り組みを重視することが明記されています。実際、2020年8月現在で未だ世界中を苦しめているコロナ禍に対しても、政府によって、感染症に関する研究者を中心とした「新型コロナウイルス感染症対策専門家会議」が設置され、政策判断に対して科学的な見地から助言を行う役割が期待されています。今後、科学に対する人間社会への貢献に対する期待はますます大きくなっていくと考えられます。

科学研究と実践の隔たり

その反面、専門家会議等が提供する科学的知見が政策決定等に生かされているか疑問に感じる場面を目にする、一般における知名度が高い科学者の方が明らかに専門外と考えられる専門家会議に招かれている状況がある等、本来あるべき形で科学が社会課題の解決に貢献できているとは思えない状況があることも事実です。個別には様々がありますが、現在の社会において、科学研究の成果と社会課題の解決の間に何かしらの隔たりが存在していることは、科学者の一人として認めざるを得ません。

筆者は、自身の専門分野である生態学、生物多様性科学の分野において、こういった「（科学）研究と実践の隔たり」をどうやって解消するのかについて長年議論してきました。そして現在、本書の主題である「ひらかれた協働（オープンチームサイエンス）」という考え方は、この解決の鍵になるという結論に至りつつあります。本章では、なぜ「研究と実践の隔たり」が生じてしまうのか、さらに、なぜその解消に

「オープンチームサイエンス」が重要なのかについて、小さなものではありますが具体事例をふまえて論じたいと思います。

科学者の本質的な役割

「研究と実践の隔たり」を考えるにあたり、改めて科学者の役割とは何かを考えてみます。ここでは、大学や公的研究機関等、いわゆるアカデミアと呼ばれる場にて、対価を得ながら科学研究に取り組む「職業研究者」の役割を考えます。筆者は、「職業研究者」の最も重要な役割は研究をすることであると考えています。当たり前のようですが、これはとても大切なことです。

より具体的にいうと、科学的、すなわち定量的で再現可能な形で対象を分析・評価し、得られた知見を公表、主には査読付きの論文として発表することで、その分野における知見の蓄積および体系化に貢献することです。もちろん大学に所属する科学者には教員として高等教育を行う役割もあるのですが、第一義的な役割はやはり研究を行うことであるべきです。科学者たるもの、この前提条件を蔑ろにすることはあってはなりません。自身の専門における研究を行っているからこそ、その分野における深い知見を持ち、専門家と呼ばれる資格を有します。そして専門家であるからこそ、政策や社会的課題に対して必要な知見を提供できる可能性があると考えます。

社会的課題に対する科学

アカデミアに関わりがない多くの方から見て、科学者のイメージはどういったものでしょうか。白衣を着て度の強い眼鏡をかけ、早口で小難しい話をするという、いかにも「学者」というテンプレートのようなイメージがありますし、ドラマ等で「天才科学者」の肩書を持った方は、どこか世間ずれしていながら、特定のことに対して天才的な発言やふるまいを取ることが多いです。いずれにしても、その専門分野においては何でも知っている、何でも解決してくれるというイメージがあるのではないでしょうか。実際、私たちの生活向上や、これまで直面してきた様々な課題解決に対し、科学技術の発展が大きく貢献し、科学者が少なからずそれを担っていることに異論はないと思います。

令和になってもシリーズが続いている人気ヒーローシリーズである仮面ライダーシリーズでは、科学者自身が仮面ライダーとして未知の敵に立ち向かうことや、科学の成果としてライダーがパワーアップするといったエピソードがしばしば見られます。乱暴な言い方ですが、何か解決したい課題があったら科学ならびに科学者に期待するという考えは、現代における一つの主流といってもよいのではないかと考えます。この解決したい課題には、本書の執筆者らが着目する「環境問題」も含まれます。

科学に対する期待と現実

しかし、科学は万能ではありません。実際に科学に関わっている人にとっては身に染みているところですが、研究を進めれば進めるほど、その限界が見えてきます。科学とひとことでいっても、様々な分野があり、全ての課題を解決してくれる万能科学というものは存在しません。また、典型的な科学者のイメージに「世間ずれしている」というものがありますが、ある意味これは真実を突いています。多くの方は科学者に万能を期待しますが、実際のところ科学者は、その専門性から外れると一般人と知識の差はありません。ある分野で世界的に著名な科学者は、他分野についても見識があると考えるのはそもそも間違いなのです。むしろ、特定分野で顕著な成果を挙げている分、他分野について勉強する余裕がなく、その知識は一般より劣る可能性が高いと考えるほうが妥当かもしれません。

当たり前のことですが、環境問題を含む社会的な課題は複数の要因が絡む複合的なものであるため、一つの専門性ではまず解決できません。例えば政策立案を支援するのであれば、法律の知識が必要ですし、事業決定について考えるのであれば、コストパフォーマンスを考慮する必要があります。そしてそれぞれ、弁護士、会計士という専門資格やコンサルタントという専門職が存在しています。加えて、専門家のコミュニティ内でも、細分化した専門性が存在していることは当たり前のことです。社会的な課題の解決には、多分野の専門性が必要であり、これを全てひとりで担うことは現実的ではありません。つまり、様々な専門性を持った人が集まったチームが必要になるのです。

なぜ研究と実践の隔たりが生じてしまうのか

ここで、筆者の専門に近い一つの例を考えてみます。筆者は生物多様性の研究をしているので、自然公園における絶滅危惧種の保全や外来生物の防除といった、いわゆる自然環境保全と利用のバランスという社会問題に関わる機会があります。この課題を考える際、自然環境保全だけを考えれば、種の絶滅や外来生物の侵入は多くの場合、人間活動に起因するため、完全に人を排除してしまうというのが最適解になります。逆に人間の利用だけを考えれば、種の絶滅や外来生物の侵入は、経済活動をはじめとする人間社会の維持においては些細な問題と考え、規制等をかける必要はないというのが最適解になります。実際、これまでこの問題に対しては、保全するのか、開発利用するのかという是か非、白か黒かという極端な議論により、対立軸が生まれてしまうというのが典型でした。この結果として、いずれが優先されたとしても禍根が残ることになってしまうケースが多かったと感じています。

ただ、現代においてはいずれも重要な課題と認識されつつあるため、両者のバランスをどう取っていくかが議論の中心となってきています。こういった状況においては、「何と何のバランスを取るのか」「最適なバランスはどこか」を明らかにするという社会課題が生じ、その根拠を示すことが科学に期待される部分になります。この最適解を見つけられるのは、どんな専門家でしょうか。自然環境に興味がある筆者のような生態学者でしょうか。あるいは経済活動の発展に興味がある経済学者でしょうか。人間活動や行動に興味を持つ社会学者でしょうか。あるいは科学者ではなく、現場担当の実務者でしょうか。あるいはそれ以外でしょうか。答えは、全員です。

社会的な課題の解決方法は、重視する目的が異なるステークホルダー（利害関係者）が円卓につき、互いの利害を理解した上で受け入れられる内容を議論しながら協同し、全員が納得できるバランスを見つけること、これが理想になります。しかし、多くの場合は対立軸の片方が勝者、片方が敗者という形に落ち着いてしまい、勝者側の科学者にとっては「研究が実践につながった」、敗者側にとっては「研究は実践につながらなかった」という結論になります。これが「研究と実践の隔たり」の一つの本質であると筆者は考えています。本質的には、自然環境保全と開発のような対立軸において意見が異なる相手は、打ち倒すべき敵ではなく、ともに最適解を探していく協力者であるべきなのです。これが環境問題の解決にはチームサイエンスが必要だと我々が考える根本的な理由です。

「オープンチームサイエンス」と「研究と実践の隔たり」

「はじめに」で述べられているように、本プロジェクトでは多様な主体とチームを組んで問題の解決に資する共同研究（超学際研究）の実現に向けた理論と方法論の確立を目指し、議論を重ねてきました。そして一つのアウトプットとして、「オープンチームサイエンス」という名のもと、多様な主体が科学的なアプローチで社会的な課題の解決を目指すための体系を示しました。この実現方法は本書の「はじめに」で概説されていますが、ごく簡単に説明すると、1 倫理的衡平性を担保するための「来るもの拒まず、去る者追わず」「上下関係なし」、2 プロセスの可視化と透明性を確保するための「判断やアクション、

図　オオハンゴンソウの写真と、筆者が作成したオオハンゴンソウ駆除マニュアル

（https://osawa.nomaki.jp/dl/ver.1.pdf 2020年8月30日確認）

その目的は常に全員で共有」、3 対話と共話を継続するための「常に対等な立場で議論を重ね、相互理解を深める」、4 視点の転換ととりつくしま作りのための「対立軸がある場合は視点を変え、共同できる部分を探す」という四つのクリアすべき重要ポイントが設定されます（「はじめに」表2）。この体系は、私が興味を持つ「研究と実践の隔たり」を埋める上でも基本となる重要な考え方になります。

国立公園における外来植物の駆除活動

ここで、筆者が直接関わり、環境問題という社会課題の解決に貢献できた唯一といってもよい例として、外来種であるオオハンゴンソウの国立公園における駆除活動を紹介します。オオハンゴンソウはヒマワリにも似た黄色い美しい花を咲かせる草本なのですが（図）、地域の生態系を破壊する恐れがあるとして、特定外来生物による生態系等に係る被害の防止に関する法律の下、飼育、栽培、運搬、保管等が禁止され、駆除が推奨される特定外来生物に指定されています。筆者は長年本種の研究に取り組み、駆除手法の確立から、実践に向けた計画立案まで、様々な切り口で研究に取り組んできました。そして、実際の駆除活動にも関わった神奈川県足柄下郡箱根町において、大きく本種の生育密度を減らすことに貢献することができました。

本稿ではそこに至るまでの道のりについての詳細は割愛しますが、駆除活動の立ち上げ、そして継続的な体制の確立へのプロセスは、驚くほど「はじめに」および先の節で示した「オープンチームサイエンス」実現に向けた自己点検4項目に合致していたので、この部分について説明します。

神奈川県足柄下郡箱根町は全域が富士箱根伊豆国立公園に指定されており、自然公園法によって開発等が規制される、いわゆる自然保護区としての側面を持ちます。それと同時に、東京都心部からアクセスがよい著名な温泉地として、年間約2000万人の観光客が訪れる国内有数の観光地でもあります。すなわち、箱根町は構造的に、先述したような「自然環境を保全するのか、開発利用するのか」「そのバランスはどうやって取るのか」という社会課題を抱えています（実際はより複雑な構造が存在しますが、本稿では単純化しています）。この状況の中で、2005年当時、環境省のアクティブ・レンジャーという現場職の立場にあった筆者は、明確に「自然環境を保全する」という立場でオオハンゴンソウの駆除に関わり、結果的にオープンチームサイエンスを実現する機会を得ました。というより、生態学を学んだものとして、何とかこの外来生物問題を解決したいと考えて一人奮闘（暴走？）していたところを、一人、二人と現れた協力者に支えられ、気付いたらオープンチームサイエンスの体制が形成されていたというのが正しいところです。

活動をおおまかに説明すると、筆者が業務扱いとはいえ優先度が低い状態で、個人活動的に取り組んでいた本種の分布調査および駆除活動に対し、神奈川県職員の方、ビジターセンター職員の方、箱根町職員の方、パークボランティアの方等、箱根町の自然環境に関係する様々な立場の方々が協力してくれるようになり、対応について議論を重ね、それぞれが自身の立場からどのようにこの問題に関われるか検討してくれた結果、ある方は業務の一環として、ある方は自身の余暇活動として、ある方は環境教育の材料として、ある方は研究の対象としてオオハンゴンソウの駆除に関わるようになりました。つまり、様々な立場の方が自由に参加でき、継続可能な体制が確立されました。筆者の主な役割は、駆除の実現に向けた科学的根拠を提供することに収束していき、それに向けた研究成果を学術論文としていくつも公表することができました。そして得られた科学的知見は、すぐに現場に反映されました。この体制は火つけ役であった筆者が箱根を去った後も、少々形は変えながらも今に至るまで継続されています。

この活動が軌道にのるまでを「オープンチームサイエンス」の自己点検項目に当てはめてみます。まず「1 倫理的衡平性」ですが、活動を立ち上げた初期から現在に至るまで、関係者に上下関係はなく、立場、役割は様々あれど、メンバーは全員同じ目標に向けて尽力する同志という考え方が共有されています。これは、活動の立ち上げ段階が外来生物法が成立した直後（2004年成立、2005年施行）ということもあり、今と比べて外来生物問題に対して世間はもちろん、自然公園の関係者においてさえ問題意識が非常に低い状態であったことが幸いしたと感じます。すなわち、担当部署や専門職等が存在していなかったため、興味を持ったメンバーは立場に囚われず、円卓で議論および実務に関われる状態にありました。さらに筆者自身はその後箱根を離れ、駆除活動に関わることはほとんどできなくなったのですが、現場で関わっている行政やボランティアの方々は、たまに訪問する筆者を常に受け入れ、筆者は科学的知見を供給する、現場の方々は実際に駆除を行うという役割分担の下、互いに情報共有を行うという関係性が維持されました。これは、「2 プロセスの可視化と透明性」にも含まれます。さらに「2 プロセスの可視化と透明性」として、神奈川県職員の方が中心となり、箱根町における本種の分布状況および駆除活動の進捗を随時レポート化し、WEBサイト等を通して公表していたことを挙げることができます。「3 対話と共話」についてはもはや説明も不要かもしれませんが、関係者は常に議論を重ね、相互理解と信頼関係を築きあげていきました。「4 視点の転換、とりつくしま作り」について、活動の立ち上げ時期が、外来生物問題が広く知られつつある時期であったこともあり、実際に駆除活動に関わるメンバー内では保全と開発のような対立は発生しなかったのですが、一つ思い当たる「とりつくしま」作りは、観光客との間にありました。具体的には、美しい花を咲かせる本種を見た観光客が、「なぜこんなきれいな花を除去するのか」という疑問を持つケースに出会ったときです。これを対立と捉えるのではなく、「教育の機会」すなわち、外来生物問題を観光客に知ってもらう機会と捉え、普及啓発の場として利用することを徹底しました。この結果として、箱根を訪れた多くの方に外来生物問題を知ってもらうことができたと考えています。

筆者は現在、大分県玖珠郡九重町でも本種の駆除活動のお手伝いをしており、こちらでも順調に生育密度を低下させつつあるのですが、こちらのケースも「オープンチームサイエンス」の自己点検に合致していると感じています。もちろんこれらケースは、後で考えてみるとそうだったというものであり、一定の成功を収めたことによるバイアスがあることは否定しません。それでも、社会課題である環境問題について、解決に向かいつつある事例が、「オープンチームサイエンス」という考え方の体系モデルと合致するということは、このモデルが「研究と実践の隔たり」を超える上で重要な役割を果たす可能性を示唆していると考えます。

機能不全を取り除く

自身の研究成果を社会的な課題の解決に活かしてもらいたいというのは、多くの科学者にとっての願いです。しかし、この実現が簡単ではないことは本節で述べてきた通りです。本書の「はじめに」において、環境問題を「人間社会と自然環境の相互作用が機能不全に陥った」と表現していますが、科学的知見を環境問題の解決に活かすためには、「研究と実践の相互作用」の機能不全も取り除かなければなりません。しかし、「オープンチームサイエンス」によって「研究と実践の相互作用」の機能不全を取り除くことは、「人間社会と自然環境の相互作用」の機能不全を取り除くことに直結します。この点において「オープンチームサイエンス」の考え方は、環境問題を解決に導く鍵になると言っても過言ではないでしょう。環境問題の解決という壮大な目的に向けて、筆者は今後も自身の専門性を高めると同時に、「オープンチームサイエンス」を介して「研究と実践の隔たり」を解消させることに尽力していきたいと思います。

10章　地域と流域の超学際研究をゼロから始める

奥田　昇

要点　地元に寄り添う研究プロジェクトを立ち上げた経緯と、プロジェクトを通じて得た学びを、リーダー自身が振り返る。

２０２０年３月、「生物多様性が駆動する栄養循環と流域圏社会－生態システムの健全性」と題する超学際研究プロジェクト（栄養循環プロジェクト）が終了しました。栄養循環プロジェクトは、栄養バランスの不均衡によってもたらされる地球環境問題を解決に導くことをめざして始まりました。流域で人間が生産・消費活動を行うと、リンや窒素などの栄養分が河川や湖沼に流入して、生態系の栄養バランスが崩れ、富栄養化を引き起こします。さらに、富栄養化は、生物多様性を低下させ、健やかで文化的な暮らしの基盤を支える生態系機能・サービスを劣化させます。たとえ、富栄養化の原因を科学的に明らかにできたとしても、この問題を根本的に解決することは容易でありません。

流域ガバナンスに取り組む

栄養循環プロジェクトは、流域の人間社会と自然生態系を不可分のシステム、すなわち「流域圏社会－生態システム」と捉え、その主要構成要素である「生物多様性」「栄養循環」「しあわせ」を指標として、社会の多様な主体と流域の健全性を向上する目標像を共有しながら、流域生態系の俯瞰的調査と身近な自然を守る地域の活動を通して、地域の社会的課題と流域の環境問題をともに解決する順応的ガバナンスに取り組みました。順応的ガバナンスとは、自然資源・環境などの共有財の利用や管理に多様な主体が関与し、社会－生態システムの変化に柔軟に対応しながら、異なる階層間の知識共有と学習を通して意志決定がなされる協働の在り方です。

筆者は、研究リーダーとして5年間、この社会協働型の超学際プロジェクトの舵取り役を担ってきました。構想段階から数えると、じつに、9年にわたる歳月を費やしましたが、その道のりは平たんでありませんでした。本章では、超学際経験のない筆者の主観を交えながら、プロジェクトの立ち上げから流域ガバナンスの基本枠組みが完成するまでの奮闘記を綴ります。

一般に、異分野連携に加えて社会との協働によって現場の問題解決をめざす超学際研究は、研究活動そのものに費やす以上に多くの時間と労力を関係主体との調整やプロジェクトの進行管理に割くことが求められます。そのため、自らが超学際研究のリーダーとなって重責を負うことは敬遠されがちです。しかし、その苦労の末に得られる果実は格別です。筆者の体験談が、これから超学際研究を立ち上げてみようと考えている読者の皆さんを後押しできれば幸いです。なお、栄養循環プロジェクトの研究内容の詳細に関心のある方は『流域ガバナンス』（脇田健一ほか編、京都大学学術出版会、2020年）を参照してください。

研究をデザインする

筆者は、栄養循環プロジェクトに従事する以前、京都大学生態学研究センター（生態研）に在籍し、生態学を専門としていました。生態研では、琵琶湖流域をフィールドとして生物多様性の研究に関わっていましたが、論文として公表した研究内容を講演会や新聞などのメディアを通じてアウトリーチするぐらいしか社会との接点はありませんでした。超学際研究というと、高い問題意識をもった研究者が課題解決のために社会と協働してプロジェクトを立ち上げ、成功に導くというストーリーをイメージするかもしれません。しかし、筆者の事例は、総合地球環境学研究所（地球研）に半ば義務的に関り始めたことをきっかけとして、いつの間にか超学際研究に巻き込まれていたと表現するのが的確かもしれません。以下に、その紆余曲折の顛末を赤裸々にお話しします。

地球研は、地球環境問題の解決に資する「総合地球環境学」を構築する研究機関として2001年に創設されました。生態研はその設立に中心的に関わり、連携研究機関として生態学をコアとした研究プロジェクトを推進することをミッションとしていました。地球研プロジェクトのリーダー候補として白羽の矢が立った筆者は、とりあえず、生態研が主導する先行プロジェクト（病原生物と人間の相互作用環、2007－2011年度）に見習いとして参加することになりました。当時の地球研は、文理融合により「人と自然の相互作用環」を理解し、地球環境問題を解決するという目標を掲げていました。研究作法の全く異なる社会科学の研究者と共同するのは、このプロジェクトが初めての経験でした。

先行プロジェクトが終盤に差しかかった２０１０年、新規のプロジェクトを立ち上げるべく、ごく近しい仲間と研究構想の検討に着手しました。もちろん、その構想は文理融合を基盤としたものでしたが、地球研が第二期中期計画を迎えるに当たり、その年度から「未来可能な社会を設計する」という新たなミッションを打ち出しました。これは、文理融合で人と自然の相互作用環を理解するだけでは、地球環境問題が一向に解決しないという地球研自体が抱える課題を克服するために提案されたものでした。そのミッションを受けて、筆者は「リン欠乏に頑健な循環型流域社会の未来設計」と題する研究原案を着想しました。リンは、肥料の成分として食糧生産に欠かせない元素です。また、リンは鉱石としての埋蔵量が限られているため、希少な資源ともみなされます。その希少性のため、生態系の生産性はリンによって制限されます。リンがひとたび水系に流入すると藻類が増殖して富栄養化するのは、このためです。このように、リンは「少なすぎる問題」と「多すぎる問題」を同時にはらんでいるのですが、当時、その資源価格が高騰したことを背景として、リン資源が将来的に枯渇する可能性が懸念されていました。そこで、未来可能な社会を構築するために、流域内でリン資源を循環利用する社会を設計するという理屈を立てたわけです。ところが、このアイデアは仲間内の評判が芳しくありませんでした。この課題案には、文理の別を問わず、設計の主体が暗に研究者であるというニュアンスが感じられたようです。ほどなくして、地球研でも、設計科学に対する批判が内外で高まり、第三期中期計画のミッション「社会の多様な主体との協働」による超学際研究へと軌道修正が図られました。研究者が社会を設計するのではなく、社会の多様な主体と協働して地球環境問題の解決に資する研究をデザインすることが推奨されたのです。この地球研の方針転換を受け、課題申請を見送り、1年間かけて研究テーマを再検討することになりました。

この「超学際」という耳なじみのない研究に戸惑いを覚えながらも、社会の多様な主体と協働して問題解決を図るために、研究課題にどのようなメッセージを込めたらよいか千思万考しました。まず、一市民の立場から眺めると、そもそも地球環境問題はどこか気難しく、気軽に参加できる活動になりにくいのではないかと感じました。そこで、思いついたのが「しあわせ（Human well-being）」でした。「幸せになりたい」という願望は万人に共通する欲求なので、この言葉には訴求力があると考えました。ここで、読者の皆さんは、栄養循環プロジェクトの課題名に「しあわせ」という言葉が含まれていないことに気づいたかもしれません。じつは、プロジェクトの英題では、「健全性」の代わりに「Human well-being」を用いているのです（英題：Biodiversity-driven Nutrient Cycling and Human Well-being in Social-ecological Systems）。日本語では、「生態系の健全性」という言葉がよく用いられます。しかし、この「健全性」は、曖昧で多義性を含んだ言葉です。「社会－生態システム」は、人間社会と自然生態系を一体として捉えた概念なので、生態学者が客観的に測定・評価できる生態系の健全性ではなく、そのシステムに関与する主体（人）が主観的に望ましいと感じる状態を健全と捉え、「しあわせ」を実感できる人と自然の在り方を追求するという枠組みを構想しました。

「生物多様性」は、生態学者として取り組んできた研究のキーワードでもあるので、社会で主流化することを期待して題名に盛り込みました。他方、「栄養循環」は、前述のリン循環をより一般化した言い回しとして、原案のコンセプトを部分的に継承することにしました。リンのみに着目するのではなく、様々な栄養分のバランスが取れ、循環している状態が望ましい流域像であることは、一般市民にも受け入れられやすいと考えました。ただし、今だから告白しますが、この課題を申請した時点では、「生物多様性」「栄養循環」「しあわせ」という要素がどのように連関し、どのようなアプローチで何をめざすのか明確には定まっていませんでした。これが通常の自然科学の研究プロセスであれば、到達目標が不明瞭な計画として、とうてい推奨されるものでありません。しかし、後付けになりますが、言葉の曖昧さや目標の不明瞭さは、社会協働型の研究を実践する上で、時として都合よいこともあります。定義や目標が厳密すぎると、活動を軌道修正できなくなったり、硬直化してしまったりすることがあるからです。

衡平・公正性に配慮する

冒頭で紹介したように、栄養循環プロジェクトは、流域単位で栄養バランスの不均衡を解消することをめざしています。栄養バランスを回復する解決策として、従来、下水処理場のような技術を導入する方法が用いられてきました。家庭や工場から排出される栄養分は、富栄養化を引き起こす主要因なので、このような技術で原因を取り除くことはとても合理的です。しかし、この技術的アプローチで農地から排出される肥料由来の栄養分を削減することは困難です。また、経済成長の下で整備された下水道インフラは、今後の人口減少局面を見据えると、永続的に維持・管理することが大きな課題となっています。そこで、栄養循環プロジェクトでは、住民一人ひとりが問題と向き合い、活動に取り組むことで流域の栄養バランスの不均衡を解消するという順応的ガバナンスのアプローチを確立することを目指しました。

この研究枠組みを地域住民と共有しながらアクションをおこすのが超学際研究の本来の姿なのですが、ここである種のジレンマが生じることとなりました。栄養循環プロジェクトでは、流域の問題を解決するために地域を従属させるべきでないという理念を掲げていたからです。これは、プロジェクトメンバーの社会学者が発案し、地球研の先行プロジェクト（琵琶湖－淀川水系における流域管理モデルの構築、２００２－２００６年度）のコンセプトを継承したものです。例えば、流域の社会・経済活動を遠因とした富栄養化を緩和するために、農業負荷の削減努力を農家にのみ求めるのは、階層間の衡平・公正性の観点から望ましい解決策とはいえません。

そこで、本プロジェクトでは、調査対象地域の住民と対話をする際、流域の環境問題を解決するというプロジェクト本来の目的を伏せたまま、地域の悩み事を訊くことから始めました。この地域研究のアプローチは、社会科学の研究者を中心とした人間社会班が主導しましたが、生態学が専門の筆者は、環境問題の背景を説明しない手順に違和感を覚えました。問題の因果を説明すれば、原因となる因子を取り除く活動に導きやすいと考えたからです。しかし、これが住民を誘導する浅はかな考えであることを、地域との協働を通して次第に学ぶこととなりました。先に種明かしをすると、地域住民の活動の原動力と持続力は楽しみややりがいだったからです。もし、流域の環境問題を解決するという使命感や義務感で始めた活動であったなら、長続きしなかったかもしれません。

そういうわけで、栄養循環プロジェクトは、住民が地域の課題に向き合う過程でその解決の糸口を身近な自然との関係に見出し、その対象を主体的に保全する活動を促すアプローチを試みることになりました。本来の研究目的を伏せたまま、調査地では異なる目的を設定するというのは、二重規範のように受け止められるかもしれません。このようなアプローチが超学際研究のプロセスとして適正か否か、自然科学者である筆者には判断することができません。しかし、結果的に、栄養循環プロジェクト本来の目的は、地域との協働を通して住民とコミュニケーションを重ね、信頼関係が醸成される過程で次第に共有されていくこととなりました。プロジェクトの終了後、ある集落で事後報告会を催したところ、活動グループの方から、「栄養循環プロジェクトの目的が最初はよく分からなかったが、あなたたちのやろうとしてきたことがようやく理解できた」とのコメントをいただきました。方法論の是非はさておき、結果として、このアプローチが好ましい方向に向かっていると今では確信しています。

地域の主体性を生かす

先述のように、栄養循環プロジェクトの究極的な目標は、地球環境問題として流域の栄養バランスの不均衡を解消することですが、一方、地域では、住民が抱える社会的課題を解決することをめざしました。プロジェクトでは、経済発展を成し遂げ、インフラによって管理された流域のモデルとして、琵琶湖流域を主要な調査地としました。さらに、その上流・中流・下流・沿岸それぞれの地域から四つの農山漁村集落、そして、琵琶湖沿岸部の都市コミュニティを対象として、地域の課題解決に資する活動に取り組みました。

四つの農山漁村集落で悩み事相談をした結果、全ての集落に共通する課題が少子高齢化や地場産業の担い手不足であると判りました。これは、全国の農山漁村に共通の課題と位置づけられます。文理融合のプロジェクトに参加した経験こそあれ、社会協働を実践したことがない筆者にとって、この解きがたい社会的課題と流域の環境問題がどのように結びつくのか、地域研究の開始当初は全くイメージできませんでした。生態学者の立場から流域生態系を眺めると、そもそも農業は流域の栄養循環機能に負の影響を及ぼす駆動因と捉えることができます。なので、筆者が最初に想起した研究の問いは、栄養負荷を削減する活動をいかに促進するかという単線的なものでした。とは言え、筆者は地域研究に不慣れなため、人間社会班が主導する社会科学的なアプローチに全てを委ね、随伴者に徹することにしました。この時点で、生物多様性、栄養循環、地域活動、しあわせ、そして、プロジェクトの目標像である「流域の健全性」がどのように結びつくのか、筆者の頭の中には無数のクエスチョンマークが飛び交っていました。

ともあれ、筆者が専門とする流域生態系の俯瞰的調査を進める傍ら、地域の活動に足繁く通い、地域の声に耳を傾けていくうちに、これらのつながりがぼんやりとイメージできるようになってきました。インフラ型流域では、農業活動による栄養負荷がしばしば問題視されます。しかし、よくよく調べてみると、農業負荷はここ何十年も横ばいで推移していることが判りました。富栄養化の発生源となる生活・産業系の負荷が下水道インフラの整備により低減した結果として、農業負荷の影響が相対的に大きくみえるだけだったのです。また、農業ダムや揚水施設などの灌漑整備が栄養負荷の駆動因と指摘されることもありますが、人材不足の過疎集落にとって農業活動の効率化に欠かせない存在であることを目の当たりにすると、インフラを一概に否定することもはばかられるようになりました。立ち位置を変えると、問題の構造が異なって見えることに気づいたのです。

さて、地域の課題を解決するために身近な生き物を守る活動がどのように始動・展開したかは、他書

（『流域ガバナンス』）に譲るとして、その地域活動の輪がなぜ広がり、栄養循環プロジェクトが課題とする流域の環境問題と地域の社会的課題がどのようにつながったたか、以下にかいつまんで説明します。

四つの集落を比較してみると、それぞれの地域で保全対象とする生き物に違いこそあれ、昔は普通に見られた身近な生き物が少なくなってしまったり、その生き物に対する関心が薄れてきたりという共通点がみられました。また、それぞれの活動を主導するのは、古き良き時代を知る高齢者という点も共通していました。図らずも、全ての地域で地元の子供たちを巻き込んだ生き物の観察会やふれ合いが推進されることとなりました。インフラ整備によって生活が便利になる反面、身近な生き物の生息環境が失われ、同時に、身近な自然に接する機会が減って、地域に対する子供たちの関心や愛着が失われつつあることをそれぞれの地域の高齢者は問題と認識したのです。

観察会に数多く足を運んでわかったのは、生き物とのふれ合いに興じる子供たちの姿は、今も昔も変わりないということでした。他方、活動主体となる高齢者たちは、子供たちが身近な自然に対する関心や地域への愛着を深めてくれることにやりがいを感じ、活動の原動力になっていることもわかりました。世代間交流を通して地域の価値を共有することで、「地域のしあわせ」が高まっていく様を一連の地域研究から垣間見ることができました。また、身近な自然を守る活動が地域の生物多様性を向上する効果をもつこと（浅野悟史ほか未発表の研究成果）、さらに、このような保全活動に栄養負荷を低減する効果があることも科学的に明らかになりました。この地域活動の効果を流域社会で広く共有することで活動への市民参加が促され、地域がにぎわいを取り戻すという相乗効果が生まれたのです。プロジェクト開始当初は、バラバラであった「生物多様性」「栄養循環」「しあわせ」という要素が「地域活動」を介して、相互に影響するという「四つの歯車」仮説が創発された瞬間です。そして、この四つの歯車がかみ合った状態こそ流域の当事者にとって望ましい、すなわち健全な状態と考えるに至りました。地域のレベルで四つの歯車を駆動するアクションをおこし、活動の輪を広げることで流域の健全性を向上するというガバナンスの基本的な枠組みがここに完成したのです。予備研究の期間を含めると、地域との協働を開始して4年目のことでした。

仮説検証科学において、作業仮説はアプリオリに設定されるものですが、栄養循環プロジェクトでは、地域との協働を重ね、さらに、その調査結果に基づいて自然科学者と社会科学者が議論を深めることによって、「四つの歯車」仮説が生みだされました。はたして、地域と協働することなく研究者だけで作業仮説を立てていたら、地域活動はこのような形で進展していたでしょうか？　地域の主体性を生かすことを目的とした、一見すると回りくどいこの社会科学のアプローチの意図をようやく理解することができました。

研究成果を評価する

競争的資金によって支援されるプロジェクト研究には、成果報告の義務があります。研究の成果は、たいていの場合、書籍や論文、学会発表の数や質などで評価されます。他方、超学際研究では、社会にもたらした効果も評価の対象となりますが、学術研究のように客観的な指標を用いて評価するのは容易でありません。社会的なインパクトを評価する定量可能な指標として、活動の回数や参加者の数、活動の波及効果を経済的価値に換算して評価するなどの方法もありますが、短期的に観察された効果が必ずしも長期間持続するとは限りません。プロジェクト研究によって開始された活動がプロジェクトの終了とともに減退・消滅していく事例は少なくありません。にもかかわらず、プロジェクトの良し悪しは、研究終了時点での成果によって決まってしまうのです。

栄養循環プロジェクトでは、身近な自然を守ることに楽しみややりがいを感じながら、地域住民が主体的に活動に取り組み、プロジェクトの終了後も活動が自立的に続けられることをめざしてきました。栄養循環プロジェクトの対象とするそれぞれの地域の活動には、進捗にばらつきがありました。もともとプロジェクトが立ち上がる前から自発的に活動を行っていた地域もあれば、プロジェクトの終了間際になってようやく活動が開始された地域もありました。幸い、対象とした四つの農山漁村集落と一つの沿岸都市コミュニティでの活動は、プロジェクトが終了した現時点でも関係主体によって発展的に継続されています。学問としての歴史が浅い超学際研究は、長期的な視点で社会的な影響や波及効果を評価する枠組みや手法をまだ持ち合わせていません。今後、この分野の手法開発によって、筆者たちの超学際研究の長期的な効果が評価されることを期待しています。

栄養循環プロジェクトが終了して半年ほど経ち、調査集落にふらりと立ち寄ってみました。突然の来訪にも関わらず手厚い歓迎を受け、今後の活動の展望について関係者と熱く語り合いました。帰り際、関係者が声をかけてくれました。「いやあ、栄養循環プロジェクトが来てくれたおかげで、この地域が本当ににぎやかになったよ、ありがとう」と。これまで琵琶湖流域の生物多様性の研究を長年続けてきましたが、地域住民から謝意を述べられたことはありませんでした。一研究者として、社会における存在意義を始めて実感することができました。この九年間を振り返ると、超学際研究を牽引することの精神的・肉体的負担は想像を絶するものでしたが、地域の方からいただいた労いの言葉によって全てが報われた気がします。

超学際研究は、筆者の今後の研究人生の糧となる貴重な体験の場を与えてくれました。拙い研究運営能力にも関わらず、辛抱強く栄養循環プロジェクトに従事して筆者をフォローしてくれたメンバーの皆さん、時には迷走しながらも暖かく迎え入れてくださった集落や行政の皆さん、大勢の関係者のご助力とご支援によりプロジェクトが無事完了できたことに対して、この場を借りて謝意を表します。私の体験談が、これから超学際研究を立ち上げる皆さんの一助となれば望外の喜びです。

11章 サマースクールで超学際の作法と戦略的な問いづくりを学ぶ

佐藤　賢一

要点　ハテナソンの実践者にとって、環境問題を共に解くためのエクササイズは、どのような体験となったか。

わたしは「ハテナソン」の研究と実践に取り組んでいます。ハテナソンとは、はてな（?）とマラソンを組み合わせた、筆者による造語です。ハテナソンは「問いづくり技法」と「質問駆動型学習」を組み合わせた新しい学びの手法であり、ワークショップの設計と実践というコンセプトをもっており、「問いを創る学び場」と言い換えることができます（鈴木康久ほか編『はじめてのファシリテーション』昭和堂、2019年）。

ハテナソンはQFT（クエスチョン・フォーミュレーション・テクニック）と呼ばれる問いづくりのメソッドを基本プロセスとします。このメソッドは、米国の非営利団体ライト・クエスチョン・インスティテュートによって開発されたもので、安心かつ安全な場で一人一人の発想が尊重される問いづくりができるように設計されています（ダン・ロスステイン、ルース・サンタナ『たった一つを変えるだけ』新評論、2015年）。

「ハテナソン」という学びの技法

ハテナソンにかかる諸活動（研究・開発・実践）のビジョンは、超学際研究と同じく、あらゆる社会的課題と科学技術、そして当該課題の当事者や科学者を含むあらゆるステークホルダーを組み合わせた、効果的で持続可能なイノベーションのための社会環境の創造に貢献することです。わたしはQFTとその前後の問いづくりプロセス、すなわちハテナソンを戦略的な問い立てが必要とされる様々な状況に合わせて最適化して設計し、その具体的な実践知を獲得しながら進化させていくことにモチベーションを感じています。

わたしはドイツのリューネブルクで超学際研究の理論と実践を学ぶサマースクール（Tdサマースクール2018）が開かれると知り、超学際研究の専門的知識や技術の習得はもちろん、そのノウハウをハテナソンの進化に結びつけて学ぶ、千載一遇の機会であると考え、参加しました。以下、サマースクールで体験した超学際トレーニングの概要と、同トレーニングでの学習成果、ならびに同トレーニングが筆者にもたらしたインパクトなどについて、三部構成で振り返ります。

1　Ｔdサマースクールと超学際トレーニングはどのようなものか

Ｔdサマースクールはリューネベルクにあるロイファナ大学の方法論研究センターが主催しており、今回（２０１８年9月）が6回目でした。科学と社会の接点における社会課題に関する超学際的な変革的研究を推進するための研究者と実務家の養成を目的とする、のべ12日間のプログラムでした。プログラムは超学際の理論習得とケーススタディの実践演習を行う5日間のトレーニング・モジュール（以下、超学際トレーニング）と、超学際研究のデザインプロセスの理論と実践など学ぶ２日間のスペシャル・トレーニング・モジュール、および３日間のアジェンダ・セッティング・ワークショップによって構成されていました。

このサマースクールのビジョン、すなわち取り組みの先にある「ありたい姿」は、学術研究者の学際的な視点を広げ、実践者が学際的な研究プロセスの中で自分の役割を精緻化できるようにすることです。参加者は、超学際理論と方法論の基礎を学び、学際的研究プロセスの設計や実践を演習形式で体験することができます。今回は特に、世界の異なる地域から集まった研究者と実務家の間の交流を促進し、異なる学際的研究の伝統や文化から相互に学ぶことに焦点をあてていました。わたしが参加した超学際トレーニングには世界各国から31名の参加者が集いました。

超学際トレーニングのミッション（取り組み）は、参加者に対して、異なるコミュニティーや世界の地域で出現した学際的研究の歴史的、政治的、理論的な基盤への洞察を提供し、さらに学際的研究プロセスを設計する上で実践的な経験を得るための基盤も提供することです。

超学際トレーニング5日間のアジェンダは以下のとおりです。参加者は、前半で学際的研究のさまざまな方法論やフレームワーク、原則やデザインの要素を学び、後半は小グループに分かれた演習形式で学際的なケーススタディのデザインを実習することを通して、共同で学際的な研究を行うための方法論の全体像を会得できるように設計されていました。

1日目午前　序論：歴史的・文化的背景と現在の超学際研究の必要性
　　午後　科学と社会の接点における参加者の専門的な活動についての情報交換
　　　　概念の整理：超学際と学際各類型の違い
2日目午前　序論 研究方法論：次元、原則、段階、知識
　　午後　超学際研究の方法Ⅰ：概要、問題のフレーミング、知識の統合、ビジョニング、現場体験
3日目午前　超学際研究の方法Ⅱ：学び合いと再統合
　　午後　ザ・ケース：超学際ケーススタディの共同設計
4日目午前～五日目午後　同右
5日目午後　超学際事例研究の共同設計の成果発表、フィードバック、サマースクールの評価、今後の展望

2　超学際トレーニングにおいて、わたしはどのようにして、何を学ぶことができたのか

1日目の午前中は序論として、超学際研究の歴史と文化的背景、および現代における必要性についての講義がありました。午後は、参加者全員が自身の研究分野や職域について開示し合い、どのような動機をもってサマースクールに参加しているのかなどについて情報交換する自己紹介ワークショップを行いました。また、超学際研究が学際研究の各類型（横断型・マルチ型・多様型）とどういう関係にあるのか、そのコンセプトの理解、位置付けについての講義がありました。

そのなかでもっとも印象的だったのは、研究アプローチとしての超学際の特徴を「既存の、超学際ではない」研究アプローチと比較して学んだ部分です。それはローゼンフィールドが1992年の論文で示したように、単一の学問領域による研究を一個のリンゴにたとえることから始まります。複数の学問領域が並列して一つのテーマに取り組むマルチ型学際研究は、複数の果物をそのまま一つの食器に盛り付けたフルーツプレートにたとえられます。複数の学問領域間の融合による新技術の創発などが含まれる横断型学際研究を複数の果物が総体として一つのまとまりをつくるフルーツサラダです。そして超学際研究は、複数の果物（学問領域）が均質となるまで混ざり合ったスムージーにたとえられます。このような研究アプローチの階層性（上下関係ではない）を、直喩を使って示すことにより、超学際のポジションや価値が明快に可視化されました。

午後の自己紹介ワークショップでは、「専門分野・研究分野は何か？」「仕事の目的は何か？」「どこで

写真　3グループに分かれ、各人がもつ方法論のタネ出しとカテゴリ化

働いているか？」「誰と仕事をしているか？」という四項目を含む自己紹介ポスターを5分以内に作成し、その内容をお互いに紹介し合うトークセッションがもたれました。また、参加者全員がそれぞれにもつ課題と参加の動機・モチベーションを、5、6名単位の小グループ内に分かれて1人3分ずつ話しました。わたしは次の問いを参加の動機・モチベーションとして提示しました（写真）。

・ハテナソンをどのようにデザインし、社会的課題に落とし込んでいくか？

・プログラムマネージャーとして、どのようにスキルや経験を積んでいけばいいのか？

午後の講義では超学際に至る研究理論の歴史が、「インビトロからインビボへ」「チャールズ・パーシー・スノウ著『二つの文化』」「1972年のOECD会合で超学際という用語が初めて使用された」「国連1992年リオ会議」「マイケル・ギボンズのモードⅡ科学」「ニコレスクの超学際研究宣言」「参加型行動研究と超学際に関する講義」「クルト・レヴィンの造語であるアクションリサーチ」「超学際と民主主義・多元的参加」「プラクシスによる知識の統合と共創」「社会環境変化のための

知識・実践・力の共創」「社会的実践の科学（中立ではない）」「社会的学習と不確実性」「TDPAR＝超学際＋自然科学の専門家の関与の拡大」「政策立案者、産業界、主流メディア、芸術の批判的な関与」「共同プロセスにおける権力の非対称性と対立への関心の追加」「変革的変化の拡大」というキーワードにより整理されて提示されました。

これらの概念の中でわたしが最も身近に感じることができたのは「インビトロからインビボへ」です。わたしがこれまで30年以上にわたって研究に取り組んできた生命科学においては、インビトロは試験管内すなわち実験室の中で人工的に再構成された場や空間のなかでの生体反応や諸現象を意味しており、インビボは生細胞や生きた個体のなかでの生体「内」での反応や諸現象を意味しています。その文脈のもとでは、インビトロで明らかにしたことや可能となったことをより複雑なシステムであるインビボへ応用・利活用する、逆にインビボで明らかにしたことや可能となったことを、より単純なシステムであるインビトロで再現する、という双方向性の研究アプローチを含意します。

その流れで読み解けば、超学際における「インビトロからインビボへ」とは、理論的に構築された社会課題への諸々のアプローチを現場に実装し、その波及効果を検証するということに他ならないと理解することができます。その上で、超学際は新しい科学ではなく、あらゆるレベル（グローバル、メソ、ミクロレベル）で社会を変革するための新しい方法論であることが示されました。

2日目の午前は超学際の方法に関する理論（次元、原理、フェーズ、知識など）、午後は超学際の方法の実践面（全体像、課題の枠組み、知識導入、ビジョン形成、現場体験など）を、それぞれテーマとするレクチャーがありました。メキシコなどの遠隔地からオンラインでのリアルタイム講義と質疑応答も盛り込まれており、プログラムを効果的にするための創意工夫が感じられました。そして授業終了後の夕刻以降には「アフターワークウォーク」という、大学近辺の森の中を散策しながらのトレーナーや参加者が全員参加するフリートークの時間がもたれました。

3日目の午前は引き続き超学際の実践面（学びと統合など）についてのレクチャーがあり、午後から2日間のケーススタディー設計実習が始まりました。

ケーススタディの設計は、問題のフレーミングから結果の実施戦略の開発に至るまでを網羅した20のステップで展開されます（表1、2）。この取り組みのゴールは、参加者それぞれがもつ活動分野に相互に強い結びつきを作ることです。そのため、参加者からの提案をもとに臨機応変な共同作業により演習対象となるケースを選定します。

具体的なケースとしては、参加者の現在の研究や専門的な活動が関連しており、学際的なアプローチをさらに発展させたいと考えている問題か、または将来的に取り組もうとしている問題を想定します。学際的なケーススタディを共同で設計することにより、トレーニング前半で紹介された原則、デザインの要素と方法をすみやかに、かつ実践的に適用する機会をもつことになります。また、科学者と実務家がグループで一緒に作業することで、異なる視点を経験し、超学際研究における関係者の多様な役割、タスク、責任を議論することができます。

ケーススタディ（事例研究）とは、もともとは社会科学および人文科学において、一つまたは複数の事例を取り上げて推論があてはまるか、傾向が確認できるかといった観点で事物や事象を分析することをいいます。超学際はさまざまな立場や専門性をもつ人々が関わる現実世界の課題（事物や事象）、たとえば人口密集地域における公衆衛生や治安維持といった複雑な社会課題に取り組むにあたっての「研究のあり方、課題解決のためのアクションのあり方」を探索する営みです。

実習では、参加者が4〜5名でチームを作り、チームごとに実例を手がかりとして超学際プロセスを学びました。わたしはベイダルさん（ネパール、女性）、ダイアナさん（メキシコ、女性）、フレッドさん（ガーナ、男性）との男女2名ずつの4人で、2015年4月25日に発生したネパール地震のカトマンズでの被災状況をテーマに、「災害マネジメント」チームとしてケーススタディの作業に取り組みました。この作業の指南書である「ザ・ケース」については表1、2を参照してください。

超学際の実践面についての講義では、「定量的方法論」「定性的方法論」「変革的方法論」「その他の分類」「科学的研究の方法：データの収集、解釈、処理」「企業のやり方：考えて行動するための条件づくり」「管理方法：考えて行動するための条件づくり」「学際および超学際研究の方法：分化、統合」「評価方法・（形式的）評価方法」「アセスメント、交渉、調停の方法」「イメージ」「シンボル」「言葉の種類」「事例紹介」「アーティファクト」という概念が出てきました。

この中でわたしが特に注目したのは、「アーティファクト」という概念でした。これは考古学などの分野では道具や衣類、装身具などの「人工遺物」を意味する用語である一方、超学際の文脈ではアート、科学・技術、および社会の軌跡や遺物をあらわすようです。

4日目は前日に続きケーススタディの作業に取り組み、ネパール地震に対するより効果的な対策はどのように策定し得たのかという課題に対する仮説をシナリオ化していきました。この日の夕食会では、ケーススタディのチームの枠を超えての進捗確認や個々の参加者の超学際トレーニング参加のモチベーションなどについて触れることができました。参加者の多くが、超学際に関するノウハウ習得にくわえて新しい人脈の構築を期待して参加していたことが印象に残っています。わたし自身もこのことを強く認識するようになりました。

5日目（最終日）は各チームが取り組んだケーススタディの成果物を発表し、質疑応答や意見交換を行いました。今回の超学際トレーニングで偶然につながった仲間とはメーリングリストを共有しており、これからもなにがしか繋がり続けていくことができると考えています。

3　超学際トレーニングに参加した後、わたしはどのようなことができるようになったのか

超学際とは何かという理論的なことはもちろん、講師陣を含む参加者同士の親密さを促す関係作りに工夫を凝らしたプログラム作りや、創発性にくわえてホスピタリティーを意識したワークショップ、さらには講師陣から随時コーチングを受けながらじっくりと時間をかけてチーム単位で取り組んだケーススタディの自由作業など、実に学びの多いサマースクールでした。

持ち帰ることができたのは、コンテンツ（プログラムデザイン、講義内容・参考資料・論文・図書など）と実践経験（ケーススタディ）、そして何よりも講師陣と参加者とのネットワークです。この人脈は、Ｔｄサマースクールで数日間を「じかに」共にした上で作られたものあり、特に２０２０年を迎えて以降に世界中の国や地域が困難な対応を余儀なくされているウイズコロナの状況下にあって、掛け替えのない輝きを放っています。この人類史上初とも言える時代状況の最中にあってこそ、超学際研究アプローチの進化と

表１　ケーススタディの指南書　ザ・ケース（ステップ１～11）（日本語訳）

ステップ	ガイドとなる問い	タスク（すること）およびコメント（補足的な指示）	所要時間（分）
全体会Ⅰ 一般的なフレームワークの精緻化			15
1	どのようなケースなのか？	ケースの概要を科学的な専門用語や言い回しを使わずに４～５文で説明する。補足的な指示：ステップ２～６の結果をまとめたポスター（デジタルまたはフリップチャート）を使用してください。	30
2	社会的課題／問題は何か？誰にとっての課題／問題なのか？	課題／問題を説明し、グループ内で議論する。	30
3	一般的な知識のギャップはあるか、あるいはケース・コンテクストへの知識移転の必要性はあるか？	ケースが一般に知られていない分野について言及しているものなのか、あるいは知識を特定の文脈に翻訳することを主眼としているのかを区別する。補足的な指示：ケースを特徴づける、最新技術やベストプラクティスを参照してください。	15
4	科学的関連性・関心事は何か？	科学的に関心のあるトピックや質問を設定する。補足的な指示：模範的な（参考材料となる）トピックとそれに対応する質問を特定してください。	30
5	ケースを説明する中核的な用語とは何か？	核心的な用語を７～１０個集める。その中から１～２個を選び、２～３文による定義を共同作成する。補足的な指示：コンセプトワーク技法を使い、ステップ１で言語化したケースの概要を科学的・専門的なものに直してください。	40
6	ケースが適切に定義／定式化されているか？	ケースの最初の記述を確認する。必要に応じて、狭い／広い、記述的／規範的などの側面を考慮して再構成する。補足的な指示：再帰的に問い立ててください。	10
全体会Ⅱ 各グループの進歩状況の確認および共有			10
全体会Ⅲ チームビルディング、問題設定、研究課題の策定			10
7	このTdケーススタディでは、どのような類いの全体目標（取り組みの方向性・分野）に取り組んでいるか？	自チームが取り組んでいるケーススタディの全体目標を特定する。（全体目標の例：科学的、政治的、経済的）	30
8	つながりをもつ社会的アクターは誰か、科学的な分野はなにか？	分野と社会的アクターのリストを作成・提示ください。コメントにある３列の表で作成および提示する。（1. 社会的アクター／科学的分野、2. 役割・機能 、3. 知識・能力）	30
9	ケーススタディに関して、社会的アクターの役割／機能は何か？	関連分野と社会的アクターの役割／機能をステップ８で作った表に追加する。（追記例：ケースエキスパート、ゲートキーパー、ベストプラクティス提供者）	20
10	これらの社会的アクターはどのような視点を持っているのか？彼らはお互いにどのように関係しているのか？社会的アクター間の主な力関係は？	チームのメンバーはそれぞれに社会的アクターを１つ選び、その視点からの主要な仮定／仮説を立てる。それをグループ内で発表し、力関係をマッピングする。	30
11	共同研究課題の策定を準備するために必要不可欠な作業と可能性ある段取りはそれぞれ何か？	設計フェーズＡ．あなたが適用するであろう手順と方法を記述する。補足的な指示：チームビルディング（役割とタスクの交渉を含む）、協力、問題のフレーミング、統合の次元などを考慮してください。	50

表２　ケーススタディの指南書　ザ・ケース（ステップ 12 ～ 20）（日本語訳）

ステップ	ガイドとなる問い	タスク（すること）およびコメント（補足的な指示）	所要時間（分）
全体会Ⅳ 各グループの進歩状況の確認および共有			10
12	本ケーススタディが扱っている全体的な Td 課題は何か？	課題／問題点を Td 課題すなわちリサーチクエスチョンに翻訳する。	30
13	課題・問題の異なる側面に関連した具体的な問いは何か？	異なる視点を考え、具体的なリサーチクエスチョンを立てる。異なるリサーチクエスチョン同士がどのように相互に関連しているかを示す。補足的な指示：ステップ 10 に関連づけて、代表的な問いを提供してください。	20
異なる知識、課題、方法に対する要求			
14	課題／問題の変革に役立つ必要な知識は何か？	ケーススタディで必要とされる知識の種類と性質を特定する。（種類：システム、ターゲット、変革の知識など、性質：質的、量的、経験的、土着的（在来的）など）	20
15	誰がどのような知識・能力・行動をもって、課題・問題の変革に貢献できるか？	ステップ８の表をもってきて、知識や能力の種類／質を表に追記する。	20
16	Td リサーチクエスチョンにどのように答えうるか？	設計フェーズ B. 自チームが取り組んでいる ケーススタディについて、異なる目的とリサーチクエスチョンを考慮して重要タスクを定める。補足的な指示：ポスター（デジタルまたはハードコピー）を使用して、時間軸に沿ったステップを提示してください。	50
全体会Ⅴ 各グループの進歩状況の確認および共有			10
17	ケーススタディで適用すべき手法やテクニックはどれか？	ステップ 16 で策定した重要タスクを選択し、それらを実施するための詳細な計画を立てる。	45
18	誰が、いつ、なぜ、どのように貢献する必要があるのか？	選択したタスクに対して、誰が（どのような主体が）、いつ、なぜ貢献する必要があるのかを決定する。（誰が：特定のアクター、分野、一般市民など）	15
19	生成された知識をどのようにしてアクター間で共有するか？成果はどのようにして社会実装できるか？	異なる分野での成果や結果を社会実装のための可能な方法を特定する。（社会実装の方法：結果の伝達、フォローアップ活動、意思決定支援など）	30
20	発表の準備	ポスターを完成させ、プレゼンテーションの形式を決定する。補足的な指示：ステップ 1、7、8、12、17、18 に焦点を当て、可能であれば、プレゼンテーションの最後にチームでの作業プロセスについての短いリフレクションを加えてください。	90
全体会 Ⅵ プレゼンテーション			150

発展、そしてそれを作り動かしていく人のグローバルスケールでのつながりが重要だと思うからです。これらをぜひ日本における超学際の振興に役立てられるよう共有・発信・活用をしていければと思います。

超学際トレーニング、そしてＴｄサマースクールのコンテンツの中でも特に、後半のチーム単位のケーススタディにあたって指南書として共有された資料「ザ・ケース」は非常に興味深いものでした。ここにはケーススタディを行うにあたってのステップが20項目に整理して示されています（表１、２）。それぞれの項目はガイドのための質問、タスク、コメントおよび所要時間から構成されています。ガイドのための問いとは、超学際のケーススタディを行うにあたって、どのような課題にどのような順番で取り組めばいいのかについて、具体的な問いのリストを示しています。ステップ１「（これから取り組むのは）どんなケース（事例）か？」から始まり、20のケーススタディ過程がどのような問いの連続により成り立つのかという構造を理解するためにとても有用かつ刺激となるものでした。

超学際は、学術的な知と行動にとどまらず、非学術的な知と行動との協働によって成り立つ新次元のサイエンスのあり方です。わたしはそのような場をつくるための戦略的な文化形成（お互いの知と無知を分かち合い、学び合い、協働により新価値を創造する文化）があってしかるべきだと考えています。とりわけ、超学際トレーニングでの体験を通して、ハテナソンが超学際のこれからの進展に貢献できるのではないかという期待感を強く持つに至りました。超学際への貢献、ハテナソンの応用展開、この経験を今後の取り組みに大いに役立てたいと考えています。

ＱＦＴの基本プロセスの中には、①たくさん問いをつくる、②話し合い、説明、評価、回答をしない、③意見や主張ではなく、問いをつくる、④発言のとおりに記録するという四つのルールがあります。このルールのもとでの発散的な問いづくりのあと、問いの分類と変換、および優先順位付けを行う収束思考プロセスが続きますが、これを「戦略的な問い立てによるリサーチクエスチョンのデザイン」に役立てるために作業シナリオ化し、大学や高校での授業や企業や一般の人を対象とするワークショップといった問いづくりの現場や、ＮＰＯハテナソン共創ラボが不定期に開催しているファシリテーター養成講座などの研修の場で実装し始めています。

さらに、問いの分類作業の中で「自分たちがつくった問いが閉じているか、開いているか」を明らかにする際には、「どのような問い方がどのような情報を入手することに役立つか」というロジックを学び、問いを立てる対象となる相手や事物（研究テーマなど）に対して「どのような問いを、どのような順番で問い重ねていくことが適切か」を考えながら学びを深めていくようにもなりました。

以上のように、Ｔｄサマースクールでの学びを経て、ハテナソンは確かな進化を遂げつつあります。読者のみなさんには、ぜひこれからのハテナソンのさらなる進化に関心をお寄せいただきたく、そしてぜひ（対面式・オンライン式の別にかかわらず）実際のワークショップやセミナーに参加いただき、超学際研究アプローチをよりよいものにすることに貢献する問いづくりの未来形を共に創っていくことができればと願っています。

12章　専門家と非専門家の異なる回路を探る

中原　聖乃

要点　高度な科学知を共有する場として、オンライン空間にはどのような課題と可能性があるのか。文化人類学のまなざし。

２０１９年４月のある日、筆者が所属している総合地球環境学研究所（地球研）で、環境トレーサビリティプロジェクト（以下、プロジェクト）のホームページ作りを手伝ってくれないかと声がかかりました。ここで、プロジェクトについて少し説明が必要でしょう。地球研には、日本でもトップクラスの安定同位体測定装置があり、物質がどこから来たかという起源、生き物と環境のつながり、生き物どうしのつながりなどを解明できます。このプロジェクトは、環境中の様々な情報を追跡する技法のうち、同位体に特化し、安定同位体測定装置を使って、環境問題や環境保全のための研究を、自治体や他研究機関と共に実施しています（コラム参照）。このプロジェクトの成果の一環としてホームページを作成しようとしていたのです。

環境トレーサビリティのホームページ作り

このホームページ作りはワークショップを通じて作ることになっており、私の担当は、ワークショップのファシリテーターでした。ファシリテーターとは、単なる司会とは異なり、少人数で行われるディスカッションやグループワークでの活発な議論を促す役割のことですが、実は筆者は、ファシリテーター役に対して強い苦手意識を抱いていました。というのも、地球研に着任して間もなくの2018年の暮れ、筆者は市民が参加するワークショップのファシリテーターを依頼されたのですが、うまく進めることができず、筆者にとって苦い体験となりました。もう一度だけチャレンジしてみようと今回の依頼を引き受けたのですが、当日のワークショップの参加者からは、「あなた、ファシリテートに向いてないいんじゃないか」との厳しい意見もあり、内心途方に暮れた状態でした。

とはいえ、ホームページは2020年3月末日に完成させる必要がありました。そのためには、オープンチームサイエンスプロジェクトの研究員としてサポートできることを考え、それを実行するしかありません。2019年度の年度末には、完成一歩手前まで進み、2020年7月には正式にウェブ上に掲載することができました。

学術界、さらに言えば、研究分野内に閉じられていた情報・知識・知恵を含めた学術知を利用しつつ、異分野の研究者や行政、市民とともに進める研究プロジェクトであるオープンチームサイエンスの枠組みでは、ホームページ作りはどのようにとらえることができるでしょうか。

プロジェクトは3年間の研究成果として、ウェブ上に情報を掲載するホームページ作成を考え始めました。研究分野内や学術界に情報を閉じないという点では、ホームページ作りそのものが、オープンサイエンスと言えます。しかし、オープンにするだけでは不十分です。ホームページに掲載されている情報が専門用語・難解な数式・グラフが羅列されているだけならば、形は開かれているかもしれませんが、閲覧者にとって理解可能かどうかは疑問が残ります。とりわけ、専門性の高い同位体を用いた環境に関する研究を、異分野の研究者、市民、行政職員が容易に想像できないところが問題なのです。こうした人々に、環境に関する困りごとを解決するために「使える！」と気づいてもらうことができるのかが重要な点となります。そのためには、同位体の研究者だけではなく、研究にかかわった行政職員とともにチームで考えることが必要となります。ホームページ作りは、情報を公開するオープンサイエンスと共に作るチームサイエンスの双方を含んだオープンチームサイエンスなのです。

本章では、２０１９年4月から２０２０年3月までに実施したプロジェクトのホームページ作りにかかわった筆者が、ホームページ作りのために実施したワークショップを紹介するとともに、筆者がホームページ作りのプロセスで得た、専門家と非専門家の間の理解の仕方の違いについての学びとホームページ作りの意味を提示します。

第1回環境トレーサビリティワークショップ

まずは、冒頭で述べたワークショップについて説明しましょう。ワークショップの実施に当たっては、まずは筆者がワークショップ案を提示することになりました。ワークショップは、プロジェクトについて参加者に説明する場ではなく、「自治体の側からの、暮らしや環境についての困りごとを聞く」という目的がリーダーから提示されました。それを受けて筆者はワークショップのプログラムを考えました。

ワークショップの中に、「ビデオ作成」「外国人への紹介」などの仕掛けを入れたのですが、「なじみのある重要な状況を取り上げる」方法（ジョン・ギルバード、スーザン・ストックルマイヤー『現代の事例から学ぶサイエンスコミュニケーション』慶應義塾大学出版会、2015年）に筆者が関心を抱いたからです。「自治体の困りごと」をただ単に語ってもらうよりも、「自身の自治体を外国人観光客に売り込む」という状況を設定して、その中で自治体の困りごとを語ってもらおうとしましたが、あまり奇をてらわないほうが良いのではないかという意見があり、自治体職員に自然に語ってもらう形式に

表1　実際のワークショップ進行（簡略化して記載）
環境トレーサビリティ・ワークショップスケジュール

●イントロダクション 15分	あいさつ　2分 趣旨説明　8分 全員の自己紹介　所属と名前　5分
●ワーク1　60分	自治体の特色や抱えている問題などについての自治体の方のお話
●ワーク2　50分	情報の整理
●ワーク3　50分	同位体の視点からの情報整理 （同位体で解決できるものとできないものの整理）
●全体のふり返り　10分	
●懇親会	

変更になりました。

実際のワークショップは5月13日で、計13名で表1のように実施しました。

まず、各自治体の紹介として自治体の課題などを話してもらいました。ここで注意したのは、プロジェクトの研究事例を自治体側から紹介してもらうよりも、プロジェクトとは関係なく、自治体の困りごとや、置かれている経済・歴史・社会的コンテクストを幅広く話してもらうことです。参加した三つの自治体は、それぞれプロジェクトと共同研究を進めてきましたが、いずれも地下水の水質保全という環境課題を抱えていました。プロジェクトとの共同研究ですでに共に研究しており、豊富なデータを持っていたのです。

この報告を記録する際、横長の壁一面のホワイトボードに、マグネット式の小さな20センチ四方のホワイトボードを貼って情報を記していきました。その後で、「水」「汚染」「川」「歴史」などテーマごとに得られた情報を入れ替えていく形でまとめました。しかし、筆者は何をどうまとめていっているのか正直わからなくなってきました。

ワークショップ後、二つの気づきが得られました。当初自治体の方には、その場で自由に語ってもらうようにお願いしましたが、実際には「自由に話すのは難しい」ため、パワーポイントを用いた学会発表のような形になりました。ファシリテーション側もかなり不安を抱えながら行いましたが、参加者側も不安を抱いているということでした。

第二は、ワークショップ終了時に、プロジェクトリーダーの「個別の研究事例をまとめる必要がある」との発言から、「事例」中心に掲載するという方向性は見えてきたのですが、ホームページが単なる研究プロジェクトの成果の紹介になってしまわないかとも考えました。ただ筆者には、ホームページを作ったこともなく、一人で考える能力がないこともわかっていました。

第2回環境トレーサビリティワークショップ

筆者は、グラフィックレコーディングをしているAさんに相談してみました。グラフィックレコーディングとは、話し合いの内容を、ホワイトボードや模造紙などに文字や図形を使って表現することです（堀公俊・加藤彰編『ファシリテーション・グラフィック』日本経済新聞出版、２００６年）。Aさん自身は「絵」の効果だけではなく、議論を促進し合意形成に導いていくことに重きを置いていることがわかり、依頼することにしました。当初プロジェクトのリーダーに、グラフィックレコーディングの導入を提案した際は、その効果については半信半疑でしたが、最終的には同意してもらいました。

さっそく、Aさん、プロジェクトリーダーと研究員、筆者の4人で、ワークショップデザインを考え始めました。ワークショップで重要なのは、（1）参加者から引き出したい情報を確実に話してもらうための場の設定、（2）ワークショップのゴールを明確に設定しておくことの2点でした。表2は、実際の第2回ワークショップの運営と流れです。

9月21日に実施した「第2回環境トレーサビリティワークショップ」では、自治体の方とプロジェクトの方の参加のみにとどめました。それは第1回のワークショップで得た気づきから、多くの研究者がいる中での心理

表２　第２回ワークショップの運営と流れ

- あだ名カードの作成
- 参加者の今日の気持ちや今日の出来事
- ゴールの共有
- 同位体とは？
- 同位体 HP のお披露目とヒアリング
- ４コマ事例化の作成
- きっかけ吹き出し作成
- 同位体でできることのキーワード化
- 全体で感想の共有
- クロージング
- 記念撮影

的な壁を少しでも減らすためです。

　ワークショップでは、壁一面に模造紙を貼り付けて、話している内容をグラフィックレコーディングにまとめました。30分に1回程度の振り返りの時間を設け、描かれた「絵」を見ながら、議論した内容をまとめ直すための時間を取りました。参加した自治体の方の感想としては、自由に語ることのできる雰囲気が良かったとのことでした。これは、Aさんの「親しみやすさ」だけではなく、ワークショップ冒頭の「あだ名付け」や「今の気持ちの語り」の効果があったと考えられます。これらの作業で、参加者の間の心理的な共感を伴った信頼関係（ラポール）が生まれたと考えられます。

　第1回目と第2回目のワークショップでは、提供された情報に違いが見られました。第1回目は、各自治体職員の話の中の具体的な個別の情報をまとめ、それらを、水、歴史、経済、汚染などのより抽象度の高いタームでカテゴリー分けを行いました。2回目は、同位体を使おうと思ったきっかけ、ひらめき、といったプロジェクトにかかわった自治体の担当者の「感情」の部分に触れながら、経験を引き出していきました。

ホームページ作りからの学び

　この2回のワークショップの実施に平行して、ホームページ作りを進めていきました。

　6月にはホームページ作りに着手しはじめました。このときは、自分たちで一からホームページを作るというよりも、ホームページ制作を専門とする企業に私たちの希望を伝えて、作ってもらおうと考えて

図　完成したホームページの一部

同位体とは
実例をみてみる
一緒にやってみる
お問い合わせ
キーワード
1
同位体の活用
名水サミット
平成24年に開催された「名水サミット」にて、地球研が西条市の同位体事例を紹介。そこに参加していた大野市前市長は「地下水を守るためには、科学的な根拠が必要だ！」と閃きます。
2
福井県大野市
家庭における井戸水利用
80%
残り20%は水道水
大野市は、山に囲まれ、城下町として昔から水の管理が仕組み化されています。現在も、家庭の80%が井戸水を利用しています。
3
!
4
どの川の井戸水か
同位体によって判明
川を介して…

いました。ですので、問い合わせのページ、項目ページ、プロジェクトがかかわった事例を紹介するページなど、必要な情報をパワーポイントにまとめました。そのうち、「研究事例」を重視することは、第1回のワークショップの結果から得られたので、事例については詳細な案を作りました。

しかし、自分たちである程度コンテンツを作る必要があると考え、グラフィックレコーダーのAさんにも加わっていただいて、わかりやすさと同位体に関心を持ってもらえる方法を中心に議論を進めました。Aさんの絵を見ているうちに四コマ漫画にするというアイデアが生まれました。プロジェクトを説明するというよりも、自治体の方々が同位体を導入するにいたった「きっかけ」や「ひらめき」の部分を重視することにしました（図）。プロジェクトの紹介を中心に据えるよりも、アピールポイントを全面に出した行政やNPOを対象としたページには、表やグラフは入れませんでした。そしてそこから、研究者にとって必要な専門的な情報を提供できるページに移動できるようにしました。

なぜきっかけやひらめきを重視する必要があったのでしょう。社会的リテラシーに長けている非専門家は、科学的リテラシーに長けている専門家とは異なる考え方のプロセスを持っていると考えられています。「科学的リテラシー」とは、それぞれの専門分野の教育を受けた研究者が研究対象を見る独特の見方、すなわち「科学知」です。一方、社会的リテラシーについては、岸田一隆（『科学コミュニケーション』平凡社、2011年）が分かりやすい説明をしています。非専門家は抽象的あるいは論理的に考えるよりも、具体的に目に見える形や想像可能な形（社会的な見方）をもとに考える「経験知」が得意であるとしています。ホームページに掲載する情報は、非専門家の経験知に配慮した形で、地球研との研究の開始から現在までの歴史を「感情」とともにたどれる形にする必要があると考えました。だからこそ、ワークショップでは、自治体職員が体験したこと、思い出深いこと、そしてそれに付随する感情を回想してもらう形で、語ってもらったのです。第1回目の環境トレーサビリティワークショップで、さまざまな情報が錯綜し、まとまり切らなかったのはなぜでしょうか。そのひとつの理由として、非専門家の提示した情報を、専門家の考える枠組みの中に位置づけ直そうとした結果と考えられます。

サイエンスコミュニケーションの研究は、おもに、専門家と非専門家の知識差や権力差に着目し、異なる社会間の隔たりについて考察してきました。知識差については、易しい言葉で説明する解決策がとられがちです。例えば、眼に見えない分子や原子の構造について着ぐるみを使って可視化するような、いわゆる「具象／実態モード」を活用する方法もあるでしょう（ジョン・ギルバード、スーザン・ストックルマイヤー『現代の事例から学ぶサイエンスコミュニケーション』慶應義塾大学出版会、２０１５年）。権力差については、例えば原発や遺伝子組み換え食品、あるいは環境問題など科学技術のあり方における利害関係や立場の違いに権力が絡んでいるテーマについて、行政や専門家と非専門家の意見の相違を埋めていく方法の研究があります。こうした「専門家の考える方向性にそって簡単に話す」のでも、専門家と非専門家の関係性を変えていくのでもなく、専門家とは異なる非専門家の考え方を理解したうえで、それをホームページ作りに生かしていきました。もちろん、専門家の方の閲覧にも耐えられるよう、プロジェクトの詳細な事例紹介やデータも記載しました。

知の共有プロセスとしてのホームページ作り

科学哲学者のクーンは、特定の科学のパラダイムは別の科学のパラダイムとは意思疎通やかみ合った議論が著しく困難となる「共約不可能性」を示しました（内井惣七『科学哲学入門』世界思想社、１９９５年）。クーンの示した共約不可能性は、科学哲学以外の研究分野でも用いられるようになり、とりわけ筆者の専門である文化人類学では、異なる社会間の習慣・考え・価値観などの違いの説明にも用いられるようになりました。文化人類学は、この共約不可能性を解消するために、研究者自身とは異なる社会に入り「生活を共にする」ことで対応してきました。オープンチームサイエンスプロジェクトは「研究を共にする」ことで、社会の環境課題を解決しようとしています。わかりにくさを解消する鍵は、「一人で」よりもやはり「共に」にあるのかもしれません。

このことを踏まえたうえで、本章を締めくくるにあたって、ホームページ作りはどういう意味があったのか考えてみましょう。これまでプロジェクトは同位体を使ってさまざまな環境課題に向き合ってきました。その多くは研究会・学会・セミナー・シンポジウムなどでの出会いや研究者の紹介がきっかけとなり、研究者による共同研究や行政の困りごとを中心とした共同研究が立ち上がってきたのです。つまり同位体のメカニズム、環境トレーサビリティの有効性についての「知」は、同位体を使ったそれぞれの研究ごとに閉じていたのです。

ホームページはこの研究課題ごとに閉じられた「知」を、同位体を専門としない研究者、自治体、NPO、一般の人といった、プロジェクトが直接対面しない、社会の多様な主体にまで広げることを目的としています。環境課題の解決は学術だけで解決することは難しく、行政や市民といった多様な主体と協力することが求められていますが、同位体は、こうした人々に環境に関する情報を提示できる場合があります。それまで環境課題を解決するために、「推定」で行動していた人に、環境課題を理解するための「科学的根拠」を提供できる可能性があるのです。例えば、プロジェクトでは、地域の環境課題を抱えた行政、学校や地域での環境教育などに使ってもらうことを想定しています。

残念ながら、その専門性の高さから同位体がすぐに環境問題の解決に役立つと考えてもらえる可能性はかなり低いのです。同位体は、例えばDNA鑑定に比べて、あまり知られていません。その高い専門性という垣根を乗り越えて、それぞれが抱える環境課題を解決してもらうためにも、ホームページの内容を、同位体を専門としない研究者が考える軸に沿って組み立てる必要があったのです。そのために、ホームページ作りでは半年をかけて、前節の通り「感情を伴う経験」を中心にして、プロジェクトの事例をまとめなおす作業をしました。ホームページ作りは、知を社会へ開く作業、つまり知の共有の実践なのです。

環境トレーサビリティのホームページ作りとは、同位体を使って環境課題を解決しようとする人たちが集ういわば「プラットフォーム」作りです。このプラットフォームに集い、同位体で解決してみようと思ってくれる人が増えれば、このホームページ作りは成功したと言えるでしょう。

環境トレーサビリティとは何か

陀安　一郎

「環境トレーサビリティ」とは、総合地球環境学研究所で２０１７年度から２０１９年度まで行われたコアプロジェクト「環境研究における同位体を用いた環境トレーサビリティー手法の提案と有効性の検証」で提唱した概念です。「環境トレーサビリティ」がキーワードとなるわけですが、その言葉の説明の前に、身の回りのある「環境」とはどういうものかについて考えてみたいと思います。

環境のつながりとトレーサビリティ

私は、いろいろなレベルの「つながり」に興味があって生態学の研究を始めました。もともと地球に酸素が含まれる大気はなかったのですが、生物が光合成という仕組みを作り出して「廃棄物」である酸素を放出しました。その頃の主たる生物にとって酸素は「毒」だったのですが、最初は環境中に豊富にあった還元性の鉄がそれを吸収していたのです。しかし、あるところで吸収できなくなった酸素が環境中に放出されることになり、世界が一変してしまいました。ところが、大気中に酸素がたっぷり存在するようになってみると、酸素からオゾンが生成されて地表に降り注ぐ紫外線を遮断したり、「酸素呼吸」が生まれてエネルギー効率が劇的に良くなったり、新たな展開が生まれたのです。地球の歴史を考えてみると、誰かが「廃棄物」を作ると、それを利用する生き物が生まれ、それを活用することで何かが「できてしまう」。そうすると、「廃棄物」は「資源」になり、それを利用する生き物が生まれる、といった繰り返しのようなものだと思っています。つまり、全てのものは「まわって」いて、生命と環境の歴史はお互いにぐるぐる回っていくという考え方に魅了されました。

このようなことがなぜわかるかというと、昔の環境に関する情報が「元素の同位体比」として蓄積されていて、それを分析することで解明されたのです。こういった研究手法は、現在の地球においても使えるので、このような特徴をうまく人間が捉えることができれば環境問題の何らかの解明に使えるのではないかと考えました。キーワードとしている「トレーサビリティ(Traceability)」という言葉は、日本語では「追跡可能性」と言います。Trace は追跡するという意味で、そうすることが可能であるという意味の Ability をくっつけてトレーサビリティということになります。

この、トレーサビリティという言葉は、近頃たまに見かけるようになりました。それは、ひと頃大騒ぎした「狂牛病」などの問題があり、病気になった牛の肉がどこに流通したかということについて関心が向かったことに端を発します。そのため、政府は法律を作って、生産された牛一頭一頭に「番号」をつけて、これがどこで加工され、流通され、スーパーで売られるまでこの

「番号」と一緒に運ばれることを要求しました。そうなると、購入する消費者は、今日買った肉に関して、インターネットの環境さえあれば生産者まで辿れるのです。「環境トレーサビリティ」という考え方は、人間が作った仕組みと同じとまではいかないですが、環境に関するトレーサビリティがあることで、環境に関するつながりがわかる。そのようなつながりがわかることで、地球環境に対する認識がどのように変わるか、またそれを活用して政策を作ることにどれだけ意義があるかを調べました。特にそのつながりを地図上に示すことで、頭の中でこれとこれとがつながっているなどというよりも、もっとわかりやすく説明できるのではないかと検討しました。

一般的に、大気圏とか、水圏とか、地圏とか、生物圏とか、普通理系の研究者は個別の圏を専門として研究します。例えば生物圏は、生物がかかわっている圏を切り出していうので、それだけで独立ではなく、実際には他の圏と重なっています。つまり、生物が完全にかかわってないものは地球上に存在はしないですけども、特に生物で扱いたい圏っていうのがあって、私の専門である生態学はそれを切り出した「生物圏」を扱います。しかし、どの圏に移っても物質レベルであれば追跡できます。例えばある生き物が排出した二酸化炭素は大気圏に関係しますし、人間が排水を流すと水圏に影響を与えます。環境トレーサビリティの考え方では、そういった異なる圏をまたがって移動する物質であっても、その物質レベルに残っているなんらかの情報があれば、辿ることが可能になります。この情報を、犯罪捜査で犯人を突き止める手段の比喩で「フィンガープリント（指紋情報）」といいます。具体的に、どのような手法でどのように地球環境問題の解決に向けて使ってくか、特にそれが実践的な活動になれば地球研でやる意味があるのではないかと考えました。さらに、既に問題となっている地球環境問題ばかりではなく、例えば何か災害が起きたり、事故が起きたり、問題が起きたときに、元の状態どうだったのかわからないことがあります。現在の状況をモニタリングしておくことで、何かのときのために試料を取っておくことの有用性もあります。もちろん、この手法だけで解決できるわけではないですが、こういった手法もオプションの一つとしておこうというのが、この研究の目指すところでした。

元素の同位体比とトレーサビリティ

次に、具体的に「環境トレーサビリティ」の研究に用いる手法について説明します。いわゆる「元素」は百ぐらいありますが、原子の性質を決める「陽子」の数が同じであっても、性質を変えない「中性子」の数が異なる「同位体」がたくさんあります。その中には、安定に存在する安定同位体や、時間が経つと崩壊してしまう放射性同位体があります。私たちが用いるものは主に安定同位体ですが、元素の中には安定同位体が一つしかない元素もありますし、元素自体が人工的にしか作れないような元素もありますので、全部すべての元素の同位体が測定可能ではありません。その中で測れるもの、かつそれが重要な何らかの機能を持つものを抽出して、通常着目しているものがいくつかあります。水素、炭素、窒素、酸素、硫黄、ストロンチウム、ネオジミウム、鉛は、基本情報としていつも注目しています。物質レベルで言えば、水は私たちの生活には不可欠なものですが、これはH_2Oですので、水素と酸素でできています。水素の安定同位体には質量数1（陽子1）の水素と質量数2（陽子1、中性子1）の重水素がありますが、この二つの安定同位体は蒸発や降雨過程による反応の速さに違いがあり、水の水素同位体比は変化します。同様に水の酸素同位体比も変化します。これらを用いて、川や湖の水の安定同位体比をあちらこちらで測定して、地図に描くことができるでしょう。このように同位体比を地図上に表すことを、造語で同位体地図（Isoscape）といいます。Isoというのは同位体（Isotope）のIso、scapeというのはLandscapeのscapeで、この同位体地図を今、キーワードにしています。これを称した『Isoscapes』という本は、2010年に初めて出版されました。近年、同位体比がいろんなところで測れるようになってきたので、昔だったら一点である場所の環境の話をしていたのが、百点ぐらい測ってみるとこの地域の中でも実はこんな差があったというような報告がされるようになりました。このように、環境の違いを多数の元素の同位体比で地図化することができるようになってきており、安定同位体比をフィンガープリントとして用いることで、環境のつながりを示すことが「環境トレーサビリティ」手法ということができます。

現在起きている複雑な地球環境問題を解決するためには、研究者が自分の問題意識で研究するばかりではなく、いろいろなステークホルダー（利害関係者）とともに研究する超学際（トランスディシプリナリー）研究に関心が広がっています。この流れを受けて、私たちは単に研究者がある一点の環境を調べてここの環境はこうですよっていうだけじゃなく、その環境を実際に使っている方たち、またその地域をどうしようかと考えている方たち、すなわち、そこに住んでいる住民か、そこの管轄している行政と一緒に考える必要があるという前提に立ちました。その方たちが動かないと、実際には何も変わらないので、私たちが通常使っている研究手法である、同位体分析を基に、超学際研究において用いることができるか、また使える場合はどういった場合かについて検討しました。

私たちは、行政が主体となって動いているところと、住民が主体となっているところと、研究者がプロジェクトで同位体を使っているところと一緒に研究しました。私たちは、同位体手法に利用価値があると思って研究しているわけですが、本当に地域の方々にとって利用価値があると思われるかどうかを客観的に調べるために、アンケートの手法を取りました。つまり、研究結果をシンポジウムで示して、来場者にアンケートを取る方法を使いました。その理由は、安定同位体手法を用いた「環境トレーサビリティ手法」は一般的に知られていないので、具体的にどういったものなのかを示さないと判断ができないだろうということからです。さらに、そのアンケートだけではわからない現地の方の生の声を、オープンチームサイエンスプロジェクトの中原さんにもご協力いただき、現地の行政担当者にきていただいたワークショップで直接聞きました。その経緯については、中原さんの原稿をご覧ください。

もともと同位体分析機器は地球研のプロジェクトが利用を始めたものですが、２０１２年度からは外にも開放して、大学関係者の方々に使っていただけるように運用しています。外から分析のためにやってくるのは、基本的に大学の研究者か学生でありますが、国や地方の研究機関の研究者もいます。研究者は地球研ウェブサイトの同位体環境学ホームページを通じて情報交換し、スキルアップのための同位体環境学講習会や、研究内容のブラッシュアップのためのシンポジウムを毎年行なっています。

ただ、現在の環境問題を考えるうえでは、同位体の研究者だけではできないところもあると思います。その枠をもう少し広げ、同位体の研究を行っていない研究者や、問題に直面している行政の方、地域の環境を考えている住民なども一緒に研究できる体制ができないかということで、2020年度からはポスト・コアプロジェクト「環境トレーサビリティに基づく研究基盤の応用」を開始しました。コアプロジェクトの期間中は、今まであったつながりのある場所などで研究しましたが、今後、新しいニーズがあった場合にも対応できるような仕組みを作ることができないかと考えています。そのため、まず受け付け先としてホームページ「同位体環境学がえがく世界」を公開しました。このホームページを作成するにあたっては、地球研の研究者とともに、どうすれば一般の方々に「環境トレーサビリティ手法」を理解していただけるか、またどのようにすればこの手法を実際の環境問題に使っていこうと考えられるかを検討しました。その中では、地方の行政に携わっている方の具体的な声を入れつつ、一緒に研究した方々の声も参考にしました。今後は、このホームページ「同位体環境学がえがく世界」(https://www.environmentalisotope.jp) を通じて、相互交流していければ良いと考えています。

13章　人文学と自然科学の理想的な連携とは

中塚　武

要点　気候学の研究者が、文理融合型プロジェクトのへだたりを超える苦難と、その先に得られる研究の悦楽を語る。

私たちが認識している世界は、私たち自身である「人間」とそれを取り巻く「自然」からなっています。それぞれを研究する学問である人文学と自然科学は、ともに世界を理解するために不可欠な車の両輪ともいえるものですが、両者には全く異なる特徴があります。自然科学が、自然の「法則性」を探求するのに対し、人文学は、人間の「多様性」に着目します。人間は世界の中で唯一自らの思考によって新しく価値を創造できる存在であると考えられ、人間が生み出してきた多様な価値の系譜を明らかにすることが、人文学の目的だからです。自然科学では、共通の法則を求めて多くの研究者による共同研究が盛んにおこなわれていますが、人文学では、研究者間での交流は活発であるものの最終的には価値の多様性に対応して一人一人の研究者による個人研究が重視されます。その結果、自然科学では通常たくさんの研究者の連名によって共著の論文が書かれますが、人文学では基本的に個人による単著の論文が執筆される傾向にあります。両者の立場は大きく異なるので、日常的には互いに交わることが難しい別々の体系になっているといえるでしょう。

文理融合—古くて新しい大問題

しかし、人文学と自然科学が協力しあう「文理融合」が、長い間、熱望されてきたことも事実です。両者は世界を理解する車の両輪なのですから、お互いに協力しないと分からない問題がたくさんあることは、誰にでもすぐに理解できます。とくに地球研が研究の対象としている環境問題はその典型であり、人間と自然の相互作用によって生じる環境問題の本質を理解し、環境問題を解決していくために、地球研では2001年の設立の当初から文理融合を研究の必須の要件としてきました。文理の融合はたいへん難しい課題ですが、地球研では正に研究の一丁目一番地ともいえる課題なのです。

一方でこれまでの学問は、文理融合に限らず異分野が互いに協力して新しい問題に挑戦すること（異分野融合）によって進歩してきた、ということもいえます。たとえば自然科学では、生物学が物理学や化学と結びつくことによって生まれた生物物理学や分子生物学が遺伝子の研究を深化させ、医療の分野などで驚くべき成果を挙げ続けてきていますし、人文学でも、歴史学と地理学が融合した歴史地理学、環境問題を倫理の視点から考える環境倫理学など、およそありとあらゆる学問の名前を二つ足し合わせれば、そこに新しい学問が誕生するといっても過言ではありません。異分野の融合は、新しい研究成果を生み出すためのいわば「打ち出の小槌」のようなものであり、分野間の壁が大きければ大きいほど、それを真に乗り越えることによって生まれる成果（お宝）は、とても大きいものになります。

私は自然科学の研究者として、地球表層の物理学と化学と生物学の諸過程を融合させる大気水圏科学という学問を学び始めた大学院生のときから、樹木年輪の研究をもとに古気候学と歴史学・考古学をむすびつける文理融合の研究プロジェクトを終えた現在に至るまで、異分野融合の手法でさまざまな研究をおこなってきました。ここでは私にとって最も新しい異分野融合（文理融合）の取り組みである地球研の研究プロジェクト「高分解能古気候学と歴史・考古学の連携による気候変動に強い社会システムの探索」（以下、気候適応史プロジェクトと略）の経験にもとづき、文理融合の課題をさまざまな角度から議論して行きたいと思います。

気候適応史プロジェクトとは

気候の変動は人間の歴史にどのような影響を与えて来たのか。これは歴史学や考古学では、とても古くから考えられてきた論題です。気温や降水量が変化して洪水や干ばつなどの気象災害や冷夏などの天候不順が続けば、生活基盤が破壊されるとともに農業生産にも被害が出て、飢饉などが発生し社会に大きな影響があったであろうことは、毎年のように洪水の被害を目の当たりにし、地球温暖化の脅威にもさらされている現代の私たちにも容易に想像できます。とくに広域の食糧流通や被災地支援などがほとんどなかった中世以前には、気候変動が地域社会の命運を直接左右した可能性が高かったでしょう。しかし20世紀のうちは、気候と社会の関係を巡る歴史学や考古学の研究は余り進展しませんでした。それどころか、歴史上の事象を気候変動によって説明しようとする取り組みは、しばしば「気候決定論」という烙印を捺されて非難の対象にすらされてきました。その最大の理由は、過去に起きた気候変動の実態がよくわかっておらず、歴史学者や考古学者は限られた不正確な情報をもとに議論を組み立てざるをえないため、いきおい自説に都合のよい気候解釈を誘引する傾向があったからと思われます。

しかし21世紀になってから、この状況が急速に変わってきました。地球温暖化問題への国際的な関心の高まりのもとで、世界中の古気候学者の間で過去数千年間の気候変動をできるだけ正確に復元する取り組みが進んだからです。気象観測が行われていなかった前近代の気候は、樹木の年輪や極域の氷コア、鍾乳石、古文書など、さまざまな気候の代理指標を使って復元されます。なかでも樹木の年輪幅の情報は、現生木に加えて遺跡出土材や建築古材などからも得られるため、過去数百～数千年間の気候変動を年単位で復元するのに有効です。こうして得られたデータから、産業革命以降の地球温暖化と自然の気候変動の違いが議論できるとともに、地球温暖化予測に使われる気候モデルの性能を検証するための過去一千年、二千年間の気候再現計算の答え合わせをする取り組みが進められています。このような最新の古気候復元のデータは、さらに世界中で歴史学や考古学の研究者によっても利用され始めています。

もっとも日本では、農業生産にとって重要な夏の気候は樹木の成長にとって好適すぎるため、それが多少変化しても年輪幅にはほとんど影響しません。また森林内の樹木個体数が多すぎるため年輪幅には隣の個体の影響が大きくでてしまい、そこから気候情報を取り出すためには数十個体分のデータを集める必要

図１　中部日本における夏の気候の指標である年輪セルロース酸素同位体比の気候学的成分の変動
（1961-90 年の平均からの偏差：上下反転）

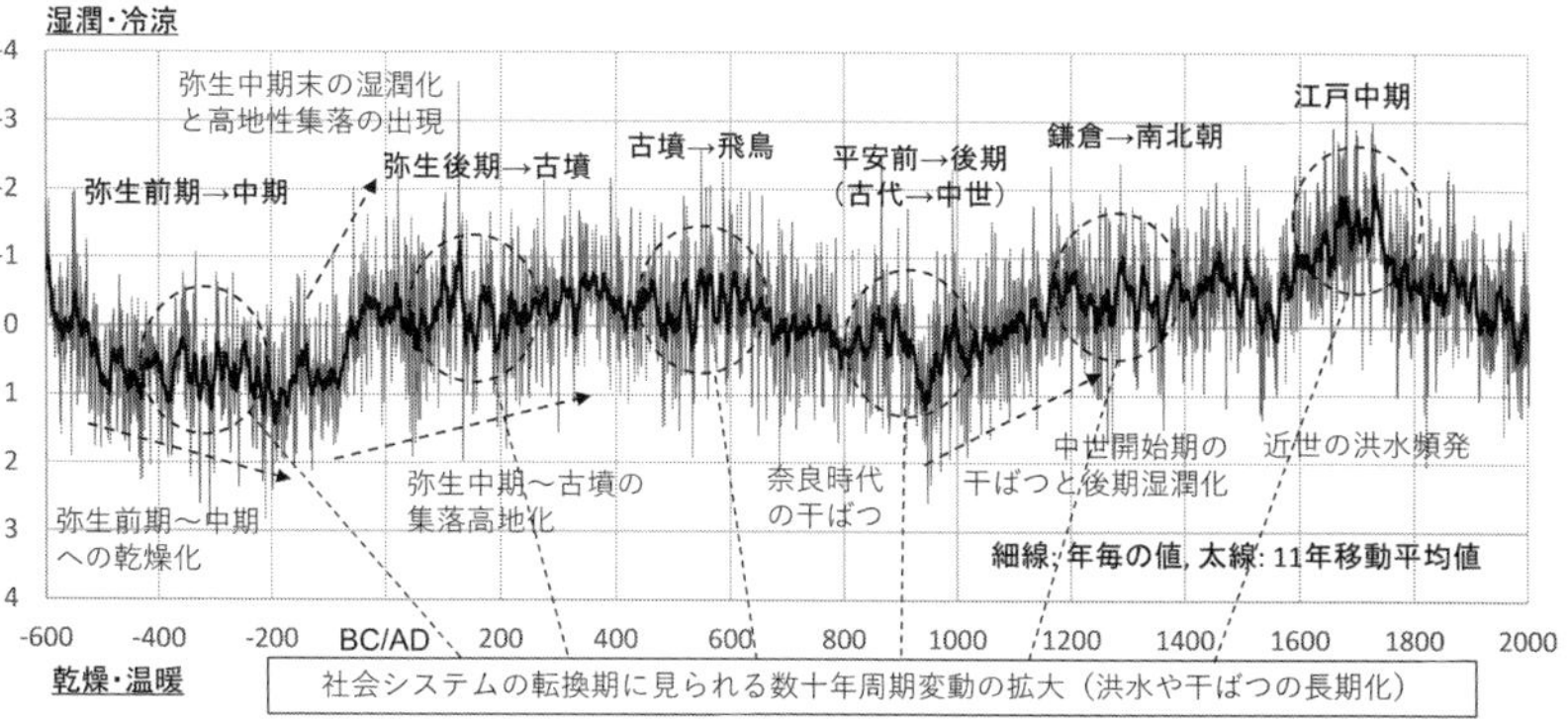

があって、少数の遺跡出土材しか得られない中世以前の気候復元は難しいという問題がありました。
　私たちが２０１４年に地球研で始めた気候適応史プロジェクトでは、まず、樹木年輪に含まれるセルロースの酸素同位体比というものに着目することで、少数の遺跡出土材からでも正確に夏の気候、とくに降水量の変動を復元できるようにしました。酸素の中に含まれる重さの異なる同位体である酸素18の酸素16に対する存在比を酸素同位体比といいますが、光合成が行われる葉内では水の酸素同位体比が、雨水の酸素同位体比や空気中の湿度を介して降水量の変化と連動するという仕組みを利用したものです。さらに、酸素と水素の同位体比を組み合わせることで、樹木年輪のデータにどうしても含まれてしまう「樹齢と共に値が変化する効果」（樹齢効果）を解消し、弥生時代前期から現在までの長期間にわたって、年単位から千年単位のあらゆる周期の気候変動を正確に復元することに世界で初めて成功しました（図１）。
　そのデータを、他の数多くの古気候データと合わせて、日本各地の歴史学者や考古学者と共有することで、たくさんの新しい歴史学・考古学の研究が始まっています（詳しくは、中塚武監修『気候変動から読みなおす日本史』全6巻、臨川書店、2020－2021年を参照してください)。そのなかには、将来の教科書を書き換えるような人文学への大きな波及効果を持つ発見があると同時に、長期にわたる高時間分解能の古気候データは、気候変動のメカニズムの解明という自然科学の研究にも今後大きな影響を与えるものと思われます。

人文学と自然科学の協働の三つのパターン

さて気候適応史プロジェクトを含めて、人文学と自然科学の協働の取り組みには、通常三つのパターンがありえます。その三つを比較しながら紹介することで、多少、我田引水になる恐れはありますが、気候適応史プロジェクトの位置づけを明らかにしたいと思います。ここでは、歴史系の人文学(歴史学、考古学など)と自然科学(地震学、天文学、気候学など)の協働に対象をしぼって、文理融合の三つのパターンを紹介しましょう。

第一のパターンは、自然科学者の要請に基づいて、人文学者からの一方的なデータの提供が行われるパターンです。歴史学や考古学の史・資料、特に文献史料には、過去に起きた地震や津波などの地殻災害、オーロラや太陽黒点などの天文現象、日々の天候変化や風水干害などの気象情報が、数多く記載されています。そうした情報は、近代科学が誕生する前の長期にわたる自然現象の発生の推移を正確に理解するために、またとないものになります。実際、そのようにして得られた歴史上の地震や津波の情報が、現在の日本の防災の根幹をなすものになっていることはご存知のとおりです。こうした協働の場合、データを提供する歴史学者の中には、自らの専門と必ずしも関係がないということや、もともと研究は個人が行うものという人文学の考え方に従って、共同研究という形式を求めない方が多く、文理の融合や協働は、余り深化していかない傾向にあると考えられます。

第二のパターンは、人文学者の要請に基づいて、自然科学者からの一方的なデータの提供が行われるパターンです。その一例が、これまでの気候と歴史の関係を巡る研究の状況です。歴史学や考古学の研究の中で生まれた、気候と歴史の関係に関する仮説を論証するために、歴史学者や考古学者はこれまでも古気候学者が出してきた気候変動のデータを引用してきました。既に出版された論文からの引用が中心ですので、それは当然、共同研究という形にはならず、人文学の個人研究の慣例にも抵触せず、引用はスムーズに行われたと思われます。しかし、玉石混交とも言えるさまざまな古気候データのそれぞれが持つ個性や誤りを、専門外の歴史学者や考古学者が理解することは難しかったため、それが結果的に「強引な気候決定論」というような評価につながってきた可能性は、否めません。

図２　気候適応史プロジェクトにおける年輪酸素同位体比を巡る自然科学と人文学の間での緊密な相互作用

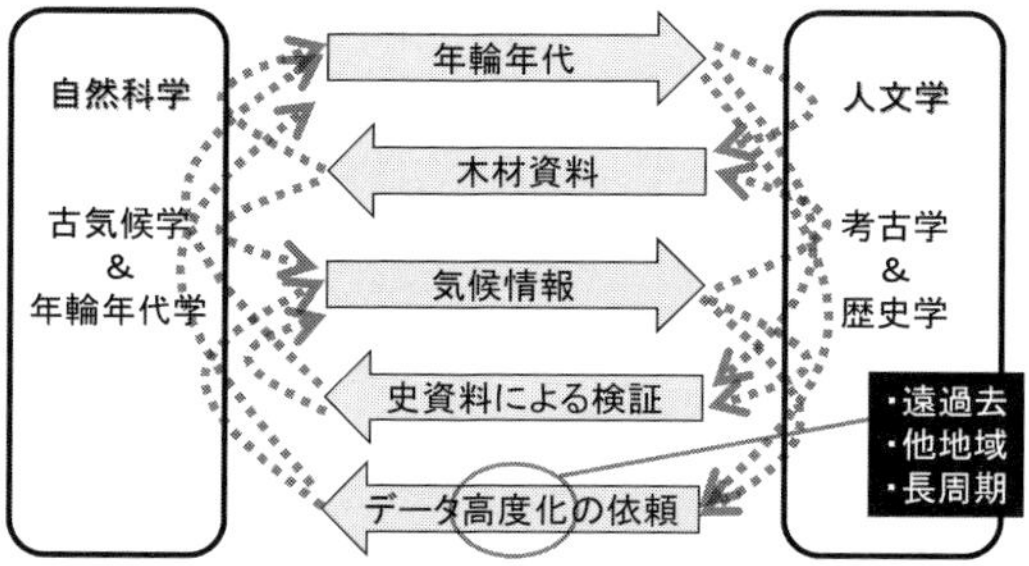

第三のパターンは、人文学者と自然科学者の双方の要請に基づいて、双方向のデータや史資料の交換が行われるパターンです。「気候適応史プロジェクトが、正にこのパターンでした」と言いたいところですが、プロジェクトの当初は、自然科学者（古気候学者）である私が一方的に人文学者（歴史学者と考古学者）に古気候データを提供（押し売り）する

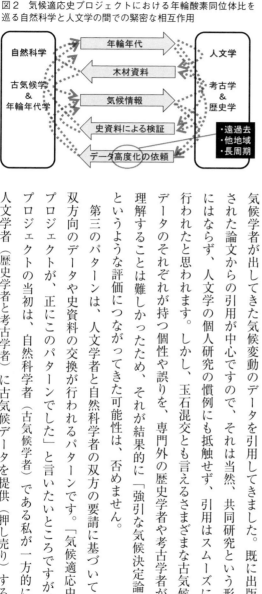

とともに、データ検証のための史・資料、および、データ生産のための遺跡出土材の提供を、歴史学者と考古学者に要請したというのが、実情でした。

しかしこの関係は、5年間のプロジェクトの中で徐々に双方向的なものに変わって行きました。歴史学者や考古学者から古気候学者に対して、それぞれの時代の研究ニーズに合う時間スケールの古気候データの提供が不断に求められ続けたため、それが「年単位の年輪データを用いて数百~数千年周期の気候変動を復元する」という全く新しい技術やデータの創出につながりました（図1）。また年輪セルロース酸素同位体比の経年変動のデータは、気候変動の復元に使えるだけでなく、「遺跡出土材のデータを、既に年代が決まっているデータと照合する」という年輪年代法の手法を適用することで、樹種の違いを問わず出土材の年単位での年代決定に使えることから、考古学者からの積極的な出土材の提供と年代データの要請が始まりました。そのような双方向の文理協働（図2）によって、古気候学・年輪年代学と歴史学・考古学の双方の研究が一気に進んだことが、気候適応史プロジェクトの最大の特徴だったといえます。もっともそこでも、人文学者（歴史学者・考古学者）による単著主義の考え方は本質的には変わらず、自然科学者（古気候学者）との間で齟齬が生まれたことは否定できません。それは次に示すような、さらに大きな枠組み・考え方の中でしか、乗り越えられなかったものでした。

理想的な文理融合のあり方とは？

人文学と自然科学の間の三つの協働のパターンのうちで、どれが一番理想的でしょうか。両者が対等の立場で協力し合い、お互いに刺激し向上し合うことができる第三のパターンが最も望ましい、という私の意見に賛同してくださる方は多いのではないかと思います。しかし、それを実現していくためには、協働に参画する研究者が、各分野のデータや史・資料の種類、その特性や限界だけでなく、各分野に内在する根本的なものの考え方の違いまで、互いに理解し合うことが必要になります。とくに人文学と自然科学が協働する場合は、それぞれの学問の目的や作法が大きく異なるので、お互いに相手の立場を尊重し合えるようになることが重要です。これは実のところ、本当に大変なことなので、それをやりきるには、さらに何か別の特別な動機が必要になります。そしてその動機は、最初は一人のものであったとしても、最後には全員に共有されるものでなくてはならないでしょう。

気候適応史プロジェクトの場合、年輪酸素同位体比のデータを見ていた私には最初から、気候と社会の関係について「歴史を貫くある法則性」が念頭にありました。それは具体的には、「数十年周期の気候変動の振幅が拡大すると、長期（10年以上）にわたる好適な気候に適応した人々が、引き続く長期にわたる気候の悪化に適応できず、しばしば紛争や難民を発生させて、そのつど東アジアの広域で社会の転換が起きた」ように「みえる」という法則性です（図1）。

しかし結果としておきた社会転換の中身や、その見かけ上の成否は、時代間・地域間でさまざま（多様）でした。この法則性に気付いた私は、古気候学者が出したデータをもとに歴史学者と考古学者が時代や地域を越えて連携すれば、比較史の手法を使って、時代ごと地域ごとの人々の気候変動への応答の相違を明らかにでき、気候変動という社会の危機を社会改革の機会に変えて行けた（行けなかった）先人たちの成功（失敗）に学ぶことできることにも気づきました。つまり私は、プロジェクトのタイトルにある「気候変動に強い社会システムの探索」という現代の環境問題にも通じる研究課題を目の当たりにして、歴史学者や考古学者からの全面的な協力を得ることの必要性を自覚した訳です。

異分野の研究者からの全面的な協力を引き出すためには、異分野についての本格的な理解が必要になることは言うまでもありません。そのため私は、以後数年間に亘って、本業である古気候学や年輪年代学の研究の傍ら、歴史学と考古学の勉強に没頭することになりました。それが気候適応史プロジェクトという5年（以上）におよぶ大きな研究を、最後まで進めて来られた原動力（動機）でした。

人間の歴史に「法則性」を求めるというのは、いかにも自然科学者らしい考え方ですが、その法則のもとで起きた実際の人間社会の応答には、時代間・地域間で「多様性」があり、その多様な時代ごと地域ごとの人間社会の価値に迫ることにこそ、研究に人文学者の全面的な参画を求める大きな意義があったと考えています。

以上の私自身の経験をまとめると、双方向の文理融合を実現するためには、いくつかの要素が必要であることが分かります。第一に、多分野の関係者に利益をもたらす求心力のある方法論（技術や概念）を提示すること。気候適応史プロジェクトの場合、それは私自身が開発した酸素同位体比年輪年代法でしたが、異分野の接点には、どこにでも先進的な技術や概念が無数にあり、「見かけの学際」を生み出す潜在力があると考えられます。第二に、まず誰かが一人でも多分野の研究内容に精通すること。異分野の融合は、いつも最初は「一人学際」から始まることが多いようです。第三に、現代社会が抱える問題の解決など、多分野の関係者の共感が得られるような普遍的な目標をもつこと。それは「一人学際」を「集団学際」にするために不可欠な要素です。気候適応史プロジェクトの場合は、図2でも示したように、第一の要素は、うまくクリアし、第二の要素も、プロジェクトリーダーである私自身は「一人学際」にまい進したという自覚があります。しかし第三の要素が、私一人の認識を越えて多くのプロジェクトメンバーの共感を得たかというと、未だ心もとない状況にあります。「数十年周期変動仮説」ともいうべき「法則」への共感を、今後、歴史学者や考古学者の皆さんからどれだけ広く得られるかが、気候適応史プロジェクトが真の文理融合の取り組みになるために必要な課題として、未だ残されているといえるでしょう。

今日の学問状況と文理融合の課題

最後に今日の日本の大学などにおける学問の状況が、そのような理想的な双方向の文理融合を次々と生みだす状況にあるのかどうかについて考えてみたいと思います。これまで述べてきたように、異分野融合、とくに文理融合を成功させるためには、お互いに相手の学問のことを深く理解し合う、粘り強い取り組みが求められます。その相互理解に至るまでに、一人一人の研究者は膨大な時間を費やさねばなりません。そのことを許容する環境に現在の日本と世界の学問が置かれているかどうか。それが問題ですが、残念ながら現実はその真逆の状態にあるといってよいでしょう。

今日の大学などの研究機関では、研究者は短期的な業績評価への対応に追いまくられています。その影響が最も強く表れるのが、パーマネント（任期のない正職員）の地位に着く前の若手研究者です。就職のための人事選考の際には、論文をいかにたくさん書いているかが最も重視され、その論文も「質より量、量より数」が、真っ先に評価の対象となります。このような状況は、就職後も昇進を伴う人事や昇給に関係した教員評価などの場でずっと続くので、研究者はどうしても日常的に沢山の論文が書けるように、自分の専門分野をできるだけコンパクトに絞り込む傾向にあります。つまり、ほとんどの研究者にとって異分野の学問を一から勉強している時間の余裕などは全くなく、異分野の学習に時間を費やすような研究者は、もはや日本中の研究機関から駆逐されてしまう運命にあると言えるでしょう。

しかし最初にも書いたように、異分野融合は学問を根本的に進歩させる「打ち出の小槌」ですので、文理融合を含めて異分野融合のフロンティアに取り組む研究者が居なくなることは、世の中にとっては大きな損失です。ですから老若男女を問わず、長期的視野に立って異分野の学問を深く学ぶことに時間を費やす研究者に居場所を提供することが、とても大事になります。しかし、異分野融合を先細らせている研究者の短期的な業績評価システムは、研究者が自らを律するために研究者集団の自己改革の一環として形成されてきたという側面もあり、そう簡単になくなるとは思えません。このように、お先真っ暗とも言える状況の中で、私たちはどうすればよいのでしょうか。

打開の道があるとしたら、それはおそらく、異分野融合が社会にとってだけでなく、研究組織にとっても研究者個人にとっても、「打ち出の小槌」であることを全ての研究関係者が認識して、そこに予算や人員を投資する仕組みを作っていくことだと思われます。実際、異分野融合によって成功裏に誕生した分子生物学や生物物理学などには、多くの研究者が集まり、遺伝子操作の技術などをもとに医療などの分野で研究が大きく発展しましたが、参加した研究者にも膨大な数量の論文執筆のチャンスが生まれました。他方、環境問題の解決のためには文理融合が必要なことは自明です。そして文理融合の先に環境問題の解決が待っているのだとしたら、社会にとっても研究組織にとっても、そこに投資のチャンスがあることも明らかです。

地球研には、正にそのために生まれた研究所として、文理融合という打ち出の小槌を振ってたくさんのお宝（研究成果）を生み出していくことが求められています。また、環境問題解決への高い志を持つ多くの優秀な若手研究者の皆さんには、是非、地球研のような異分野融合をめざす研究組織の共同研究への参加を呼びかけたいと思います。と同時に、現在の学問の状況を十分に理解して、ある意味でしたたかに個別分野での自らの生き残りを図りながら、大望を忘れず、長期的な視野で異分野の学習に励んでください。未来は必ずその道の先にあります。

14章　オマーンにおける伝統家屋の再生と知の可視化

林　憲吾

要点　東南アジア建築の専門家が、アラビアの建築遺産をめぐる知の継承を、地域と共に考える研究に引き込まれる。

２０１６年の年の瀬だっただろうか。本書の編者でもある近藤康久さんからひと声かけられました。「林さん、オマーンに行きませんか?」と。

オープンチームサイエンス・プロジェクトを率いる近藤さんは、実はごりごりのオマーンをフィールドにする考古学者でもあります。先史時代にアラビア半島に暮らした人類の痕跡を探って、毎年活発に発掘調査をされています。

そんな近藤さんが、建築史を専門にする畑違いの私をオマーンに誘ったのは、そもそも近藤さんに声をかけた別の人物がいるからです。それが、オマーンのスルタン・カーブース大学で教鞭をとるナイーマ・

ベンカリさんです。彼女は、私と同じように建築史を専門にし、学生らとともに、オマーン各地の集落で伝統家屋の調査と記録をおこなっていました。一方の近藤さんは、オマーン国内で発見された遺跡群を、地理情報システムを活用して記録・管理するプロジェクトをオマーン政府と進めていたこともあり、ナイーマさんは近藤さんに共同研究をもちかけたのです。

ズレの効用

ただ、遺跡を発掘する考古学と、集落に残る伝統的な建築物を調査する建築学は、ともに人工物の歴史を紐解く分野とはいえ、専門領域には大きなズレがあります。日本の大学では考古学は文系、建築学は理系に属し、学ぶ知識も研究方法も全く異なります。近いようで遠い。それがこの両者です。

つまり、ナイーマさんのプロジェクトは近藤さんの専門にピッタリと当てはまるものではなかったわけです。あけすけに言えば、少しピントがズレていた。通常であれば、専門が違うからと、このズレを理由に共同研究に参加しない研究者が多いかもしれません。しかし、そこはオープンチームサイエンスをモットーとする近藤さんです。参加と同時に、さらに外へと声を掛けた。それがたまたま当時地球研にいて、しかも建築史をやっているらしいという私でした。

しかし、実はここにもズレがあります。私は普段インドネシアの住宅や都市の歴史を研究しています。インドネシアをはじめとする東南アジアは、私たちの住む日本と同様に、アジアモンスーンと呼ばれるインド洋とアジア大陸の間を往還する季節風の影響で、夏にたくさん雨の降る地域で、伝統的な建築は木材を中心に構成されます。他方、アラビア半島のオマーンは、国土の8割が砂漠の乾燥地帯です。そのため、木材資源は限られ、石や日干しレンガを積んだ建物が伝統的に建てられてきました。同じ建物でも、材料から建て方まで両者は全く異なります。いわば私は、後者については素人だったわけです。

このプロジェクトでうまくやっていけるのか、全く自信はありませんでした。しかし、逆に言えば、東南アジアの木造住宅に慣れ親しんだ私が、中東の石や日干しレンガの住宅の未来を考える機会など、そう滅多に訪れないわけです。自分の専門性を広げる絶好の機会であるとともに、これまで別の地域を見てきたので、もしかしたらその地域のよさや特徴が、むしろよく見えるかもしれない。そんな淡い期待を抱きつつ、困ったときは知人の中東建築の研究者に助けを求めればよいかと、二つ返事でオマーンに行くことにしました。

「何ともゆるい…」と思われるかもしれません。ただ、それぞれの状況にあわせて、変わっていく、あるいは整えていく、そういう研究チームのあり方がオープンチームサイエンスだとすれば、まさに本章で紹介するオマーンのプロジェクトは、はじまりからそうだったといえるでしょう。言い換えれば、オープンチームサイエンスのよさは、こうしたズレを許容できることにあるように思います。たとえ自分では専門領域の輪郭を認識していても、傍から見ると、どれも一緒に見える。なので、精通していない領域でも声がかかることはしばしばあります。それに応えることはプロジェクトのリスクにもなりかねないので、どうしても研究者である私たちは躊躇します。しかしそれでは、自分の専門領域の外側に出る機会を失うことにもなります。この板挟みを軽減する働きがオープンチームサイエンスという方法論にはあります。不安な点があれば、それを補ってくれる人物をメンバーに加えればよい。あるいは脱落すればよい。そのような柔軟性が、課題と専門の間の多少のズレを許容し、その効用として、ある意味で余分な知を持ったメンバーがそこに集まることを可能にします。それによりこれまでにない化学反応が生まれるかもしれないし、生まれないかもしれない。井の中の専門家を大海に引き出す力がオープンチームサイエンスという方法論にはある。オマーンに関わったきっかけをいま振り返ってみると、そう思います。

判事の邸宅

随分と前置きが長くなりました。では、こうして飛び出たオマーンという大海で、私たちは何に取り組んでいるかというと、一軒の邸宅の修復と活用です。オマーンは中央に広大な砂漠があり、都市部はオマーン湾に面する北部とアラビア海に面する南部にわかれます。南部のドファール地方には中心都市サラーラがあり、このサラーラに20世紀初頭に建てられた、この地域の判事とその家族が住んだ邸宅が対象です。ドファール地方は古くから乳香の産地として有名で、交易を中心に発展してきました。現在の都心部には東サラーラ（かつては中央サラーラ）と呼ばれる集落がありますが、集落内にはいくつかのモスクと広場があり、そのひとつアル・ラワス・モスクの脇に、白い外観の立派な3階建ての邸宅が建っています。この邸宅が、19世紀末にこの地域の判事となったアハメド・ビン・アラウィ・ハサン・アイディードの家で、現在は彼の後裔が相続をしています。私たちはナイーマさんと一緒にこの集落の古い建物の調査をしていた際にここを訪れました。この邸宅、立派な外観に違いはないのですが、写真をご覧になるとわかるように、現在、建物の中央箇所が大きく損壊しています（写真）。さらに、現在の所有者は郊外在住

写真　判事の邸宅

で、実家であるこの家には誰も住んでいません。空き家になり、しかも損壊しているこのような建物は、しばしば取り壊しの運命を辿ります。しかし、歴史あるこの家をこのまま壊してしまうのは忍びない。建物を残しつつ、判事の家族の歴史を伝える私設博物館や観光客が宿泊するゲストハウスなど、何か新たな用途で活用できないだろうか。そう考えた所有者が、偶然、調査で知り合った私たちに声をかけたのでした。

歴史的建造物の保全と超学際研究

判事の邸宅のような歴史的建造物の保全は、人類の文化的遺産の継承として、生物多様性の保全や貧困の削減などと同様に持続可能な地球環境を築く上で不可欠な要素だと考えられています。たとえば、ＳＤＧｓ目標11である「包摂的で、安全かつ強靭で持続可能な都市と人間居住」において文化遺産や自然遺産の保全が謳われています。「持続可能性」と聞くと、温暖化や資源の枯渇など自然環境の問題が即座に頭に浮かび、文化の保全が同列に扱われることに違和感を抱くかもしれません。しかし、近年は「トリプルボトムライン」という言葉で表現されるように環境・経済・社会の三つの要素をバランスよく保つことを国際社会は重視しており、地域のアイデンティティや記憶を保つ文化遺産を地域社会の価値を高める大切な要素と捉えています。

しかし、歴史的建造物の保全は容易なことではありません。ＳＤＧｓの他の目標と同様に、実現にはいくつものトレードオフがあります。私たち研究者は保存を推奨しがちですが、所有者にしてみれば維持にコストがかかるので、経済的負担を軽減できる活用が重要です。さらに、地域の景観やアイデンティティへの貢献は建物が有する公共的な価値であるため、その維持には政府やメディアの役割が期待されます。したがって、どうすればよりよく保全できるかの問いには、さまざまなステークホルダーが関与する超学際（トランスディシプリナリー）研究が求められます。所有者に声をかけられたことで、私たちも超学際研究に足を踏み出したというわけです。

オマーン・ルネサンスと住まいの近代化

先述のとおり、判事の邸宅の修復と活用という案件は、損壊と空き家によって生じました。しかし、その理由には、この家の私的な事情よりも、サラーラの伝統家屋すべてに共通する事情が挙げられます。大きく三つあります。

ひとつめは、オマーン・ルネサンスと呼ばれる一連の近代化政策です。２０２０年1月に逝去したカーブース前国王が、１９７０年の国王即位とともに進めた政策で、道路の舗装や病院の整備、工業団地の開発など、社会経済発展のために次々と公共事業を実施しましたが、そこには住宅供給も含まれていました。石や土など自然素材を利用した劣化しやすい住宅ではなく、コンクリートを用いた強固な構造体に、近代的な台所やトイレを備えた新しい住宅を郊外に大量に建設し、伝統家屋に住む人々にそこに移ってもらう政策です。

結果として、郊外へ人々が移住し、多くの集落でもぬけの殻となった伝統家屋がたくさん出現しました。建物の所有者は、郊外に移り住んだ後も、定期的に家屋を管理し、海外からの移民労働者に部屋を貸し出すところもありましたが、それでもメンテナンスは手薄になります。したがって、建物は急速に劣化し、床や屋根が崩壊した家屋が旧集落で増加しました。

観光資源としての文化遺産

ふたつめは、文化的価値の見直しです。これはひとつめの理由と裏腹の関係にあります。伝統家屋の荒廃が進んだ一方で、近年、その保存や活用を考える人々が徐々に現れてきました。住宅の近代化を進めて一度は伝統家屋を捨てたものの、荒廃し、存続が危ぶまれる伝統家屋を前に、その価値を再認識するに至ったといえます。

では、その価値とは何でしょう。ひとつは地域にとっての歴史的アイデンティティということになるでしょう。ただ、それ以外に、観光資源として活用できるという期待があるようです。オマーンはアラビア半島の国々の中では、古都のイメージを残しています。そのため、欧米のみならず、ＵＡＥやカタールなどアラビア半島の近隣諸国からも観光客が訪れます。こうしたインバウンドをさらに活性化させる観光資源として、文化遺産への関心が高まっています。

ただし、そうはいっても一度放置された伝統家屋は、すでに大きな傷を負ってしまっています。資金が限られた中でそれをどのように保全し、活用すればうまくいくのか。その得策が見つかっていません。それゆえ、さまざまな試行錯誤が求められる段階です。だからこそ、判事の邸宅のオーナーも外来の私たちに声をかけたのでしょう。

乾燥地と湿潤地の界面

上記のふたつの要因は、サラーラに限った話ではなく、オマーン全体に関わります。つまり、住居として利用されず、傷んでしまった伝統家屋を、どのように保全・活用すべきなのかという課題は、オマーン全体が直面しています。

ただし、次の三つめの要因は、サラーラを中心とするドファール地方に特有なものです。それは、この地方がアラビア半島で相対的に湿潤であることに起因します。東南アジアなどに比べればはるかに乾燥した気候ですが、アラビア半島南端のドファール地方は冒頭で述べたモンスーンの影響をわずかに受けます。そのため、北部と比較して降雨量がやや多く、植生も北部ではナツメヤシが中心ですが、サラーラではコヤシやバナナが多く、その風景は東南アジアに通じるものがあります。雨季になると山には一面に緑が広がり、アラビア半島では珍しいこの光景を求めて、国内外から観光客が訪れます。つまり、この地域は乾燥地と湿潤地の界面なのです。

しかし、この性質が伝統家屋の課題をより深刻にしています。というのも、東南アジアと違い、建物は石と土で作られる乾燥地に合わせた構造だからです。そのため、雨によって建物が脆くなるリスクが高まります。さらに、この地域にはアラビア海で発達したサイクロンが十数年から数十年に一度くらいの頻度で襲来します。最近では2018年にサイクロンが2回発生し、暴風と洪水被害をもたらしました。実は、判事の邸宅に見られるあの正面の損壊は、このサイクロンによるものなのです。伝統家屋に人々が住んでいるうちは、損壊した箇所の石をまた積み直して、修繕しながら住んでいましたが、空き家になると、それも放置されがちになります。そのため、損壊が一気に進んでしまう危険性をつねに孕んでいます。だからこそ、サラーラはオマーンの中でも、より早急な対応が求められる地域でもあります。

伝統知の可視化

いま私たちは、判事の邸宅という具体的な建物の望ましい保存活用法を探求しているわけですが、上述のとおり、判事の邸宅の置かれている境遇は、サラーラのみならずオマーン全土の伝統家屋に共通するところがあります。私たちが関与しているのはわずか一棟の家屋ですが、無数の伝統家屋を相手にしている感覚があります。このような伝統家屋の境遇と向き合うなかで、私たちが徐々に重要だと考えるようになった作業があります。それが伝統知の可視化です。

建物を修復・改修する場合、大きく二つの方法があります。もともとその建物に使われていた技法や材料で直すか、全く異なる技法や材料で直すかの二つです。もちろんその混合もありえます。しかし、前者を部分的にでも採用したいのであれば、対象となる建物に使われていた当時の技法や材料をそもそも知っていなければなりません。

石や日干しレンガを積んで作る伝統家屋にとって、最も重要な構造体は壁です。木造の日本であれば柱や梁による骨組みが要ですが、組積造では分厚い壁が肝心です。実は、この壁づくりに各地域の個性が表れ、組積材、目地材、仕上げ材の組み合わせでその個性は決まります。組積材の種類によって、目地材や仕上げ材を用いない建物もありますが、いずれにせよ組積材、目地材、仕上げ材のこの三つが何で、どこで調達していて、どのように使用しているかがわからないと、その地域の伝統家屋を再現することはできません。

では、その答えはどこにあるのか。それは石工の頭の中です。サラーラの伝統家屋は、その地域に住む石工が建ててきました。日本であれば木造なので木を扱う大工が棟梁ですが、乾燥地域のオマーンでは石工が棟梁です。ほんの50年前まではこうした石工が日常的に腕を奮っていました。彼らは地域の建物を熟知していますから、彼らに改修を頼めば、自然と以前の建物になります。つまり、地域の建物の問題を、地域の人々で解決できているうちは、石工に付随した伝統知をわざわざ外部の人に伝える必要はありません。しかし、社会が変動し、新しい課題が生まれ、地域の人々だけではその課題の解決が難しいとき、私たちのような外部の人との協働が生まれます。その際に外部の人が伝統知を解さなければ、従来の方法を取り入れることはできません。それを克服するには、石工の身体に備わった伝統知を外部の人が理解できるように可視化しなければなりません。すなわち、伝統知のサイエンスが必要です。

ということで、伝統家屋の根幹をなす、組積材、目地材、仕上げ材について石工たちへの聞き取り調査を私たちは開始しました。しかし、なかなかに困難が伴います。どこかで建設現場が動いていれば、石工の働きを観察すれば十分ですが、伝統家屋は放置されて久しく、石工たちも高齢、話す内容にも矛盾があります。会話だけでは不明な点が多いので、むかし建材を採取した場所を一緒に訪れたり、壁づくりを実演してもらったりしながら進めます。私たちが追っているのは先史時代の生活でも何でもなく、ほんの数十年前のことですが、日常の風景でなくなった行為を復元するのはこんなにも大変なのかと驚きます。

そんなこんなで、判事の家をはじめとするサラーラの伝統家屋が徐々にわかってきました。組積材は集落のはずれにある採石場で地面から切り出した石灰質の岩岩。目地材は、ハトリと呼ばれる集落近くの特定の場所から掘り出された土。仕上げ材はヌラと呼ばれる白いペーストで、枯れ川の沿岸でとれる石灰岩を焼成してつくる粉末がもとで、日本の漆喰と同じような働きをすると考えられます。サラーラでは現代の建物でも白色にペイントされていることが多いのですが、これは、伝統家屋に使われていたヌラが生み出す白の美学が無意識に現代の建築にも浸透しているのだと思います。

さらにこれらの材料がどのような性質でどのような働きをしているのかを知るために、私のところの学生の田窪淑子さんが粒度分布を調べたり、化学分析をしてくれたりしています。現地で建物を見ながら、住人や石工が「これはハトリ、これはヌラ」と壁を指して言うのですが、私たちにはどちらも見た目にはよくわからず、彼女は最初、「ホンマか?」と疑っていたのですが、分析を進めるとどうもたしかに違うようだと、現地の人の壁リテラシーの高さに驚きをみせていました。それくらい伝統家屋について地域の人は理解しているし、外部の人は即座に理解はできないということです。そのため、外部の人が即座に保存改修をすると、従来の建物は温存しつつ、新しい技法で継ぎ接ぎするか、あるいは外観を〝伝統家屋風〟にするしかありません。サラーラで見られるいくつかの建物の改修にも、そのような「伝統なき保全」といえる事態がしばしば見られます。しかし、伝統知が理解できるようになると、伝統的技法の長所も短所も見えてきます。その上で、どのように保全し、どのように改善すべきかという議論が建物の建て方においても成立します。ある意味でやっとスタートラインに立った形です。

チームからオープンチームサイエンスへ

そもそも伝統家屋の建設はチームでおこなうものです。施主がいて、棟梁となる石工がいて、その下に4、5人の石工がつき、木材の加工は大工がおこなう。互いに勝手知ったる地域の人たちが、日常的に繰り返し建物を建て、その経験をとおして知識は共有され、継承されてきました。言い換えれば、ある閉じた集団で建設は完結します。

しかし、近代的な技術や材料の導入によって従来とは全く異なる建物が主流になり、伝統家屋の建設の機会が減り、放置されると、集団を維持できなくなり、建物の利用方法や補強方法にも大きな変更が迫られます。そのように伝統家屋の維持が困難になったとき、その集団を開いて、さまざまな外部の人々と協働する必要性が生まれます。いわばチームがオープンチームになるともいえます。その際、閉じた集団で当たり前だった伝統知が当たり前でなくなります。その理解、すなわち可視化を怠ると、新／旧や内／外は没交渉に陥り、その結果、伝統なき保全が生じます。

その克服を手助けするのがサイエンスでしょう。経験とともにあった伝統知を科学として理解してみることです。そのことで、伝統知を引き継ぎ、さらにはその強みや弱みを理解し、部分的に代替可能なものが見えてくるかもしれません。私たちもいまそれを探っています。

以上が、伝統家屋の保全にオープンチームサイエンスが必要な理由だと私は考えます。研究者の側から見れば、狭いサイエンスの領域から社会へと目を向ける手立てであり、地域の側からみれば、チームにまれびとを引き込む手立てである。しかし両者にはギャップが生まれます。このギャップを縮める最初のステップこそが伝統知の可視化ではないでしょうか。湿潤地の日本と乾燥地のオマーンを行ったり来たりしながらそんなことをいま私は考えています。

おわりに――ホンマにできんの超学際？

大西　秀之

超学際としての地域貢献

「地域貢献」という言葉を耳にする機会は、昨今、一般社会においても多くなっているのではないでしょうか。いわく、少子高齢化、人口流出、限界集落、産業の空洞化などなど、実に様々な問題に直面している地域社会に対して、産学官は一体となって、そうした課題の解決に寄与しなければならない、という掛け声が各所で叫ばれています。このため、大学や研究機関も、その一翼を担うことが期待され、具体的な取り組みが求められています。

いっぽう、地域貢献は、大学や研究機関などに所属する研究者にとって、否が応にも一般社会と直接的に関わらざるをえない機会や経験となります。またなによりも、地域貢献の取り組みに対する成果の是非は、学術研究と異なり、一般社会に暮らす市民に評価が委ねられることになります。そういった意味で、地域貢献は、アカデミズムと一般社会の連携・協働による「超学際研究」の実践にほかなりません。

こうした背景を考慮に入れ、本論では、わたし自身が所属大学で取り組んだ教育・研究実践を事例として、地域貢献を巡る意義や課題を検討したいと思います。具体的には、ユネスコ（国連教育科学文化機関、UNESCO）世界文化遺産である富士山の構成要素として登録された自然景観の保護と活用を目的として、静岡県富士宮市において実施したプロジェクト型授業を取り上げ、その検討を通して大学・研究機関による地域貢献の成否のあり方を問うとともに、どのような基準で評価しうるか追究します。

なお、「ホンマにできんの超学際？」というタイトルは、たぶんにミスリードとなる可能性があります。というのも、本論で議論したいことは、超学際としての地域貢献をできるか否かではなく、その成否をどんな評価軸によって判断するかにあるからです。実は、大学・研究機関が地域社会と連携することは、行政主導で推進されているため、現在それほど難しくはありません。むしろ、その成果を評価することなく、やりっぱなしで放置されていることが問題視されています。これこそが、本論の目的になっています。

求められる地域貢献

地域貢献が大学に求められるようになったのは、10年以上も前のことです。２００８年度に文部科学省が出した白書（文部科学白書２００８）のなかで、大学に求められる役割として、国際化と地域貢献の推進があげられていました。また２０１４年に開かれた文部科学省有識者会議では、大学を世界に対して最先端の研究成果を発信して行く「Ｇ（グローバル）型」と、地域に根差して社会的課題の解決に寄与する「Ｌ（ローカル）型」に区分する提言がなされ、賛否を含む数多くの議論が喚起されました。

もっとも、地域貢献は、L型のみならず、G型の大学にも求められています。とはいえ、地域貢献は、L型とされるであろう圧倒的多数の大学にとって、必須の役割として求められるようになりました。言い換えれば、地域貢献は、大学全般にとって存在意義さえも問われかねない課題になったといえます。

このように大学は、地域貢献を行うことを、外圧的に求められるようになりました。ただ地域貢献とは、まずもってどんな関与が求められているのか？またどこまで解決すべきなのか？更には大学が取り組む意義とはなんなのか？といった疑問に対する答えは必ずしも提示されていません。くわえて、大学による地域貢献が、そもそも地域に期待されているのか？むしろ地域に負担を掛けているではないのか？など新たな疑問が内外からだされています。もっとも、それこそが、大学自らが取り組みを行うなかで考えるべきことなのかもしれません。

社会実装という試み

いっぽう、地域貢献に関係するものとして、「社会実装」という言葉が近年注目を集めています。社会実装とは、研究で得られた知見や成果を、実社会の課題や要望などに活用しようとするものです。端的に言えば、これは工学的あるいはエンジニアリング的な考え方であり、研究者は一歩引いた第三者な視点や立場で関わるのではなく、実社会のなかに知識や技術などを持ち込んで、自ら当事者として個々の課題や要望に取り組む試みといえます。

なお社会実装を伴う「地域貢献」には、まず「①課題やニーズの把握」、次に「②技術やサービスの開

図　社会実装教育

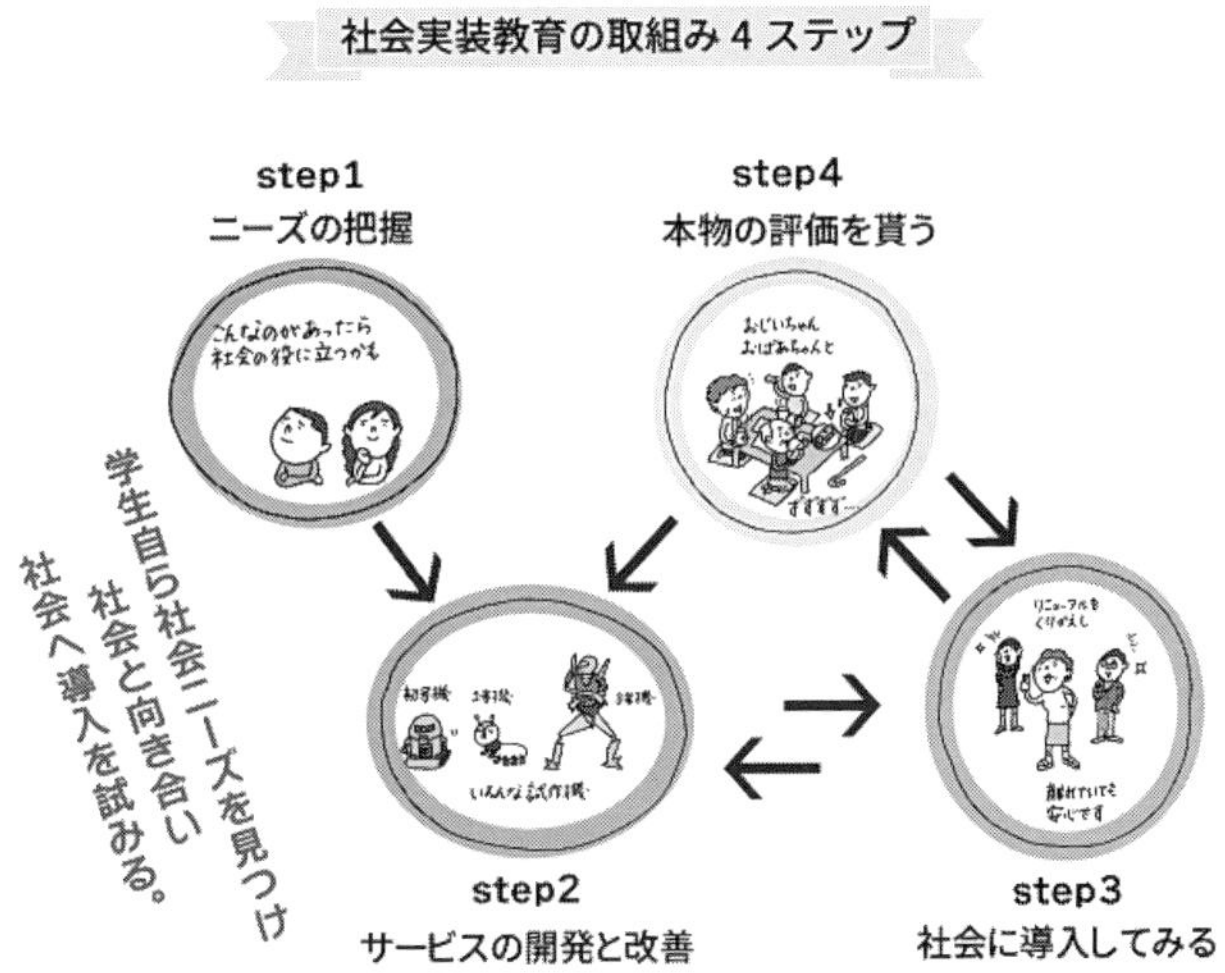

（出典：“イノベーティブ・ジャパン”・プロジェクト）

発と改善」、その上で「③実社会へ導入」、最後に「④当該社会側からの評価」、という四つのステップが想定されています（図）。この内①と②に関しては、実社会における具体的な課題や要望に寄与することを標榜する、応用科学的な研究分野などでは、従来でも行われていました。ただそうした既存の取り組みでも、③と④の役割は企業なり行政なり社会側が担ってきた、というのが実情ではないでしょうか。したがって、これまでの社会連携研究は、真の意味での協業ではなく、むしろ分業であったと認識すべきかもしれません。

　このため、社会実装に取り組む研究者は、社会課題・要望に取り組むだけでなく、その評価までも自らの責任として主体的に関与せざるをえなくなります。こうした関与は、人文社会学系はいうまでもなく、自然科学系の研究領域においても、これまでほとんど経験がなかったのではないでしょうか。しかも、学生に対する教育実践となると、いわゆる文系・理系を問わず、新たな取り組みにほかならないものとなります。

　だからこそ、地域貢献に対する取り組みをどう評価するかは、極めて重要な課題となります。とりわけ、この評価は、アカデミズムによる自己評価ではなく、地域社会の様々な利害関係者の視点や立場を前提とした多様な視点で考える必要があります。

教育実践としての取り組み

本論は、現地の自治体である富士宮市役所・富士山世界遺産課と連携して、世界遺産の構成要素の保護と活用を目的としたプロジェクト型授業を具体事例として取り上げます。プロジェクト型授業とは、教員から与えられた課題に対処する従来型と異なり、学生が活動内容そのものを自ら考え取り組むものです。このため、プロジェクト型授業で地域貢献を行う場合、地域社会に対する貢献のみならず、それによって学生の学びに繋がらなければならない、という点で純粋に研究だけの取り組みとも違いがあります。もっとも、超学際研究の目的には、実社会との連携や協業によって「新しい学」の創出が射程に入れられているため、教育でも研究でも地域社会にメリットがありさえすれば良い、という単純なものでもありません。

こうした背景を意識し、本授業では、いわゆるインターン型のように連携する当該地域の既存の組織や活動に学生を入れてもらうのではなく、学生自身が世界遺産の構成要素の保護と活用に関する調査の対象から目的そして方法までを立案しました。むろん、現地の課題や要望などは、事前のレクチャーによって把握しておきますが、あくまでもそれは学生自身が立案するための参考と位置づけています。

もっとも、いくつかの制限はあります。まずは、富士宮市域にある「富士山5合目」、「白糸の滝」、「三

写真　2017 年度・2018 年度の現地調査・報告会

保の松原」の3か所の構成要素を対象とすることです。また地域連携である限りは、どれほど立案が具体的であっても、現地のサポートがなければ実施は難しくなります。そしてプロジェクト型授業では、学生の要望を引き出し現実可能な企画とすることが、重要な成否の鍵となりますが、一個人としての担当教員の能力や経験には限界があります。

これらの制約を踏まえ、受講生たちは、現地で実施する調査企画を立案するため、自分たちで徹底的に話し合います。この時、担当教員であるわたしも参加してはいますが、なるべく聞き役に徹します。また「どうしたら良いですか?」と質問されたら、なるべく回答を与えず「どうしたいですか?」あるいは「どうしたらいいと思いますか?」と問うように心掛け、できるだけ学生たちが自らで考え答えを出すように促しています。

繰り返しになりますが、プロジェクト型授業の理念は、学生が自ら考えた企画を実施することにあります。くわえて、それを地域貢献として実施するならば、否応なく社会実装としての取り組みになることから、自分たちが主体的に評価まで行う必要があります。そういった意味で、本授業は、単なる教育実践ではなく、まさに社会実装型の地域貢献の一形態といえるでしょう。

現地調査の概要

富士宮市では、２０１７年と２０１８年の過去2年プロジェクト型授業を行いました（写真）。この取り組みには、合計32名が参加し7グループに分かれて、様々な活動を行いました。そのすべてを紹介する余裕はありませんし、またそれは本論の趣旨ではないため、以下では概要をしめすとともに、代表的な事例を要約して提示します。

まず調査した場所ですが、２０１７年は白糸の滝を、２０１８年は富士山5合目を、それぞれ対象としました。ただ共通点もあります。まず一つ目は、富士山が世界的に著名な観光地であり、また世界文化遺産として国際社会に対し保護義務を負っているため、国内外からの観光客にターゲットを定めるとともに、エスニシティやナショナリティの違いによる差異に注目したことです。

もう一つは、インタビューやアンケートではなく、特に観光客の現地での行動に焦点を当てた調査を行ったことです。行動調査を行った理由は、外国人観光客を対象に含めたためです。というのは、学生の語学力もさることながら、非英語圏からの観光客も当然含めることを考えたとき、言葉による意思疎通を前提とした調査では、データや結果に質的な違いがでてしまうからです。これに対して、現地での行動であるならば、その調査基準・項目さえきちんと設定しておけば、どのような学生が行っても、またどのような観光客を対象としても、同じ水準のデータや結果が期待できます。

具体的な方法としては、特定の時空間における人間行動を数値化する、「タイムアロケーション（時間配分）調査」を行いました。この調査法は、一人あるいは複数の人物が、特定の場所で、どれだけの時間、どんな行動を行ったのか記録するものです。なおタイムアロケーションには、定点観察と追跡観察の二つの方法があります。前者は、観察者が調査ポイントとした特定の場所に待機し、その地点で来訪者がどれ位の時間？どんな行動をするか？などを調査する方法です。これに対し、後者は、あらかじめ設定しておいた距離や時間で、調査対象とした人物を追跡し、どこで？どんな行動をとるか？などを調査する方法です。それぞれに、収集できるデータの質や量の違いなど、メリットとデメリットがありますが、どちらの方法を採用するかは、調査目的に応じて各グループが決定します。ちなみに、ほとんどのグループが、それぞれ担当を決め両方の調査を行いました。

具体的な活動事例

富士宮市での調査は、大枠で目的や方法を共有しつつも、それぞれの年度において実に多様な活動を行いました。そのなかで、タイムアロケーション調査の成果を中心に、若干の具体事例を提示します。

まず白糸の滝では、訪問した観光客の動向を探る調査を行いました。白糸の滝では、世界遺産登録前後に、市役所が中心になって景観を保護する整備が進められていました。このため、そうした整備の評価や今後の計画に寄与するためのデータ収集を目的とする調査を、複数のグループが行いました。

一例として、あるグループは、白糸の滝でフォトスポットとなりうる複数の地点で定点観察を行い、そこに立ち寄った観光客のエスニシティ、グループ構成、滞在時間、写真撮影の有無などのデータを収集しました。この結果、その場所に立ち寄った観光客に対して、適切な「説明」「導線」「注意」などが掲示できているか検証するデータが収集できました。

具体的な成果としては、訪問者数に対する掲示の過不足や、立ち寄る外国人観光客に対する言語表示の不一致や未対応など、ある程度予想されていた成果を得ることができました。もっとも、予期しなかった新たな発見も少なからずありました。たとえば、絶好のフォトスポットと思われた白糸の滝の正面に設置された渡橋の上では、ほとんどが素通りするのみで写真撮影をする観光客が少なかった、というデータを報告したところ、同地区の整備にかかわった担当者の方々より、「この橋は視覚的にも物理的にも景観を保護するため、目立たず負荷がかからないよう設置したが、その目的が果たせていることが確認できた」、との回答を受けたことなどがあげられます。

いっぽう、富士山5合目では、観光客や登山客の増加によって引き起こされている、諸問題を対象とした調査を行いました。その一つとして、清涼飲料水の缶やペットボトルの廃棄を対象とした調査を行いました。

この調査では、5合目レストハウス周辺に設置された自販機で観察を行い、どんなエスニシティやグループの登山客・観光客が、なにを購入するか?またどこに廃棄するか?という項目を設定し定点観察を行いました。この結果、様々なデータが収集できましたが、一つの成果として、缶とペットボトルでは、前者は一度栓を開ければ基本的にその場で消費し廃棄されるのに対し、後者であればたとえ蓋を開けたとしても持ち運ぶことができるため結果として廃棄されない、ということが確認できました。ある意味、これは予想しうる当たり前の結果かもしれませんが、調査時に5合目の自販機で売られていた圧倒的多数の商品は、缶入りの清涼飲料水でした。そういった意味で、5合目の現状は、「空き缶」という廃棄物が遺される問題状況が継続している、という指摘ができました。

調査成果の還元と評価

富士宮における調査活動は、わたし個人にとって、単なる教育実践ではなく、研究上の蓄積を基にした、社会実装としての研究実践となるものでした。もっとも、調査成果を個人的に保持しているだけでは、社会実装はいうまでもなく、地域貢献には到底なりえません。このため、現地に対して調査成果を還元し評価を受けることは、地域貢献を行う上での必須条件となります。

具体的な活動としては、まず調査成果を基に学生が制作した報告書を、富士宮市役所のホームページに掲載していただきました。これにより、一大学による一過性の授業の取り組みを、社会一般に共有することができました。もっとも、WEBサイトに掲載した程度で、地域からの評価を受けることは、現実的には難しいと認識せざるをえません。

こうした課題を考慮し、当該地域の直接的な評価を積極的に受けるため、各調査の終了後に報告会を開催しました。この報告会には、調査活動に協力支援をいただいた行政や民間の方々を招待し、可能な範囲で参加していただきました。また参加者の方々には、それぞれの視点や立場から報告に対するコメントを仰ぎ評価していただきました。この機会に得られたコメントは、われわれの調査を最も近い場所で支援し見守っていただいた方々による貴重な評価といえます。

むろん、この報告会で受けた評価は、必ずしも地域を代表するものではありません。とはいえ、われわれの活動に関係していただいた方々のコメントは、なにものにも代えがたい貴重な評価であることに疑いの余地はありません。またそれ以上に、報告会での質疑は、われわれだけでは気づきえなかった、新たな発見を少なからず得る機会となりました。

たとえば、２０１８年度の報告会では、５合目レストハウスに併設された売店で定点観測を行ったグループから、そこで販売されていたのが饅頭や記念品などのいわゆる観光土産的なものばかりで、来客の需要に対応できていないのではないか、という意見を調査データを交え提示しました。またこの意見に加え、もしこの売店で登山グッズなどを販売していれば、登山口で服装や装備を注意された観光客が購入することができるとともに、危険防止にも貢献できるのではないか、との提言も併せて行いました。

これらの意見と提言に対し、行政や関係者の方々から、様々なコメントが出されました。そのなかでも、興味深かったのは、かつてマイカー規制が行われるまで5合目は、市内に暮らす地域住民が夏の夕涼みに車で出かけるちょっとしたドライブスポットであり、レストハウスで売られている商品はその当時の名残で、現在のような軽登山を目的とした内外の観光客が押し寄せる状況に対応できていない、という意見でした。

こうした意見は、調査成果に関する知見を深めるものとなりました。ただそれ以上に、われわれの調査によって、地域住民の方々が現在のあり方を見つめ直す契機になったことが、地域に対する成果の還元と評価という点で重要となります。というのも、この事例は、大学というアカデミズムと地域社会が、世界遺産の保護と活用という共通の課題を、一緒になって検討した結果にほかならないからです。決して大げさではなく、こうした往還こそが、超学際研究が目指すべき方向性の一つである、と個人的には確信しています。

ところで、このレストハウスの売店を巡る議論は、報告会の取材に来ていただいていた報道関係者の関心を引いたようで、複数の新聞社に地元記事として取り上げていただきました。地元メディアに取り上げられることで、少しでも多くの地域住民の方々に、われわれの活動を知っていただけたのではないかと思います。また実現はできていませんが、記事を読まれた地域住民の方々が、どのような意見や感想を持たれたかなどを調査できれば、更に多様な地域からの評価をえることができると考えています。

超学際はできたのか

大学の教育実践として行った調査成果を、地域から発信していただき、また地域住民と意見を交わし評価を受けるなかで、新たな発見や理解などもえました。では、これで社会実装に基づく地域貢献ができた、あるいは超学際研究ができた、と満足できるかといえばそんなに簡単ではない、というのが現在の率直な思いです。

まず地域貢献というためには、調査成果を受けての改善なり改革などが行われ、景観の保護や活用に目に見える効果となったならば分かり易いかと思います。もっとも、わずかな期間に実施した限定的な研究実践をもって、目に見える効果を求めることが、すべての地域貢献として目指すべき方向性なのか、と問われると少なからずためらいを覚えます。むしろ、最終的な選択権や決定権は、地域が担うべきであり、あくまでも外部者として地域住民と同じ責任を負えない立場を顧みるならば、大学などアカデミズムの役割は自覚的に制限すべきではないか、との意見もあるかと思います。

とするならば、最大の問題は、やはり評価軸になると考えています。というのも、一言で地域貢献といっても、結局のところ評価軸がなければ成否の判断を下すことができないからです。もっとも、そうした評価軸は、いわゆる数学的な解のように、絶対的ないしは客観的に規定できるものではないと考えています。なぜならば、社会状況は刻一刻と常に変化するものであり、「昨日の間違いが今日の正解」になり、また「今日の間違いが明日の正解になる」からにほかなりません。

ただ一つ言えることとは、地域貢献を掲げる限り、当該地域の評価を無視した基準を作ることはできません。であるならば、地域貢献とは、単に地域に入り社会実装として研究実践を行うことに留まらず、当該地域に暮らす様々な人びとと、なにを目指しどうなれば良いのか?という評価軸までも共同で作って行く、まさに超学際研究になるべきではないかと考えています。それこそが、「ホンマに超学際ができる」ための必須条件である、というのが現時点でわたしの回答です。

謝辞

オープンチームサイエンスの世界をめぐる知的冒険の旅は、いかがでしたか。私たちの旅は、学術と社会の「あいだの知」を哲学と知識工学それぞれの視点から探求する論考に始まり、科学技術政策からみたパブリックエンゲージメント、研究データとデジタル地図のオープン化の問題、そして学術と社会を橋渡しするツールとしてのグラフィックレコーディングとシリアスボードゲームの可能性をひもときました。ひらかれた協働研究には、実に多様な側面があることがお分かりいただけたことでしょう。このように多様な理論やツールが、色とりどりのモザイクのように、全体としてオープンチームサイエンスという集合知を織りなしていることを示すのが、第一部「理論編」をこれらの章から構成したねらいです。

後半の第二部「実践編」では、環境問題を解くためのさまざまな実践が語られました。どの物語も、美しい「成功物語」ではなく、著者が現場で直面した困難や葛藤がつづられています。これも、研究の成果を示す書物としては珍しいことです。しかし、このような超学際研究にまつわる困難や葛藤こそ、本書で語りかけたかったこと——教訓として読者のみなさんと共有したかったことなのです。

オープンチームサイエンスは、完成された方法論ではありません。つまり、本書に記された方法を忠実に再現しても、社会実践が成功するとは限りません。オープンチームサイエンスはあくまでも発展途上の作業仮説であり、今後も絶えず改良を続けられていくべきものです。その意味において、環境問題を解くための、ひらかれた協働研究の理想形を求める旅に終わりはありません。私たちは、ようやく出発点に立ったところなのです。これからも引き続き、社会に寄り添う学術のあり方を探究していきたいと思います。

＊

本書は、人間文化研究機構総合地球環境学研究所コアプロジェクト１４２０００７５「環境社会課題のオープンチームサイエンスにおける情報非対称性の軽減」（プロジェクトリーダー・近藤康久）による成果です。また、各章の内容は、ＪＳＰＳ科研費ＪＰ１９Ｊ１２５２９（1章、2章コラム）、ＪＰ１９Ｋ２０５１３（7章）、ＪＰ１８ＫＴ００４９（5章）、ＪＰ２６３７０９７０、ＪＰ１７Ｋ０３３０１（おわりに）、科学技術振興機構・科学技術イノベーション政策のための科学研究開発プログラム「ＳＴＩに向けた政策プロセスへの関心層別関与フレーム設計」（ＰＥＳＴＩ、代表者・加納圭、3章）、人文機構「博物館・展示を活用した最先端研究の可視化・高度化事業」（7章、12章）、三井物産環境基金研究助成（Ｒ１６－００３６、8章）、地球研栄養循環プロジェクト（Ｄ０６－１４２００１１９、10章）、環境トレーサビリティ・コアプロジェクト（１４２０００７６）およびポスト・コアプロジェクト共同研究（１４３０１００１、12章コラム）、ならびに気候適応史プロジェクト（１４２０００７７、13章）による成果の一部です。これらの研究プロジェクトの共同研究者および研究協力者のみなさんに感謝いたします。

末筆ながら、本書の編集にあたっては、地球研オープンチームサイエンス・プロジェクト事務局の末次聡子さんと西脇亜紀さんに協力していただきました。また、株式会社かもがわ出版の樋口修さんには、善き伴走者として、企画から出版に至るまで大変お世話になりました。記して感謝申し上げます。

編者を代表して

近藤　康久

執筆者一覧

編 者

近藤　康久（こんどう　やすひさ）　はじめに、8章
総合地球環境学研究所、専門は考古学、環境社会論、オープンサイエンス論。主な著作に Kondo Y, Miyata A, Ikeuchi U, Nakahara S, Nakashima K, Ōnishi H, Osawa T, Ota K, Sato K, Kumazawa T, Okuda N et al. Interlinking open science and community-based participatory research for socio-environmental issues. Current Opinion in Environmental Sustainability 39号（2019年）など。

大西　秀之（おおにし　ひでゆき）　おわりに
同志社女子大学、専門は人類学、政治生態学。主な著作に『技術と身体の民族誌：フィリピン・ルソン島山地民社会に息づく民俗工芸』（昭和堂、2014年）、『トビニタイ文化からのアイヌ文化史』（同成社、2009年）など。

執筆者（執筆順）

宮田　晃碩（みやた　あきひろ）　1章、2章コラム
東京大学、専門は哲学、現象学。主な著作に「住まうことと語ること：石牟礼道子『苦海浄土』の沈黙と亀裂へ向けて」Heidegger-Forum 14号（2020年）など。

熊澤　輝一（くまざわ　てるかず）　2章
総合地球環境学研究所、専門は環境計画論、地域情報学。主な著作に熊澤輝一・古崎晃司「環境・サステイナビリティ領域におけるドメイン知識間の因果論理構築支援ツールの開発」人工知能学会論文誌33巻3号（2018年）など。

加納　圭（かのう　けい）　3章
滋賀大学／社会対話技術研究所／日産財団、専門は科学コミュニケーション論。主な著作に「NHKカガクノミカタ　くらべてみるゲーム」（幻冬社、2019年）、「TATEWARI」（コザイク、2015年）、『ヒトゲノムマップ』（京都大学学術出版会、2008年）など。

池内　有為（いけうち　うい）　4章
文教大学、専門は図書館情報学。主な著作に池内有為「日本における研究データ公開の状況と推進要因，阻害要因の分析」Library and Information Science 79号（2018年）など。

瀬戸　寿一（せと　としかず）　5章
東京大学、専門は社会地理学、地理情報科学、参加型GIS。主な著作に『参加型GISの理論と応用　みんなで作り・使う地理空間情報』（共編著、古今書院、2017年）など。

西村　雄一郎（にしむら　ゆういちろう）　5章
奈良女子大学、専門は人文地理学・参加型GIS。主な著作に『参加型GISの理論と応用　みんなで作り・使う地理空間情報』（共編著、古今書院、2017年）など。

清水　淳子（しみず　じゅんこ）6章
多摩美術大学、専門はデザイン学。主な著作に『Graphic Recorder：議論を可視化するグラフィックレコーディングの教科書』（ビー・エヌ・エヌ新社、2017年）など。

中島　健一郎（なかしま　けんいちろう）6章
広島大学、専門は社会心理学。主な著作に中島健一郎「排斥研究から人のつながりを考える―玉井論文へのコメント―」『心理学評論』63巻2号（2020年）など

太田　和彦（おおた　かずひこ）7章
総合地球環境学研究所、専門は環境倫理学、食農倫理学。主な邦訳書に『食農倫理学の長い旅：〈食べる〉のどこに倫理はあるのか』（ポール・トンプソン著、勁草書房、2021年）など。

大澤　剛士（おおさわ　たけし）9章
東京都立大学、専門は生物多様性情報学、保全科学。主な著作に Osawa T. Perspectives on biodiversity informatics for ecology. Ecological Research 34号（2019年）など。

奥田　昇（おくだ　のぼる）10章
神戸大学、専門は生態科学。主な著作に『流域ガバナンス　地域の「しあわせ」と流域の「健全性」』（共編著、京都大学学術出版会、2020年）など。

佐藤　賢一（さとう　けんいち）11章
京都産業大学／ハテナソン共創ラボ、専門は発生生物学、ハテナソン。主な著作に Embryogenesis（編著、Intech、2012年）、『はじめてのファシリテーション』（共著、昭和堂、2019年）など。

中原　聖乃（なかはら　さとえ）12章
総合地球環境学研究所、専門は文化人類学。主な著作に『放射能難民から生活圏再生へ―マーシャルからフクシマへの伝言』（法律文化社、2012年）など。

陀安　一郎（たやす　いちろう）12章コラム
総合地球環境学研究所、専門は同位体生態学。主な著作に Earth, Life, and Isotopes（共編著、京都大学学術出版会、2010年）など。

中塚　武（なかつか　たけし）13章
名古屋大学、専門は古気候学、同位体地球化学。主な著作に『気候変動から読みなおす日本史』（全6巻、監修・編著、臨川書店、2020～21年）など。

林　憲吾（はやし　けんご）14章
東京大学、専門はアジア建築史。主な著作に『メガシティ5　スプロール化するメガシティ』（共編著、東京大学出版会、2017年）など。

環境問題を解く
ひらかれた協働研究のすすめ

2021年3月1日　第1刷発行

編　者　近藤康久　大西秀之
発行者　竹村正治
発行所　株式会社かもがわ出版
〒602-8119 京都市上京区堀川通出水西入
TEL 075-432-2868　FAX 075-432-2869
印刷所　シナノ書籍印刷株式会社

ISBN 978-4-7803-1144-0 C0036